玛丽·贝莉 的
美味佳肴

玛丽·贝莉的美味佳肴

MARY BERRY'S COOKERY COURSE

[英]玛丽·贝莉 著

孙萍 译

北京出版集团公司
北京美术摄影出版社

目 录

引 言

　　本书是所有想提高他们的厨艺并从烹饪中得到最好的回报的家庭厨师的福音。无论您是一名新厨师还是一名比较有经验的老厨师，您都可以从本书中获益。在选择食谱时，我回归基础——选择了大家都喜爱的经典食谱，烹饪方法简单。最近，有人对烹饪怀有曲解或认为烹饪是有捷径可循的，这种想法并不奇怪，因为我知道现代厨师不得不平衡做美味佳肴的欲望和厨房外的繁忙生活。

　　每章都以"大师食谱"开篇，重点呈现了分步讲解的清晰照片并详细说明了如何做好菜的每个步骤。这些食谱都是我最喜爱的，它们会告诉您做顿美味佳肴所需的一切，屡试不爽。另外，我还精挑细选了100多个其他食谱，这些食谱可以应用于各种不同的场合，介绍烹饪步骤的微型照片会告诉您关键的技巧。在"玛丽的成功秘方"中，我分享了我的顶级秘诀，您会觉得烹饪其实很简单；在"大师课堂"部分中，我展示了核心技艺，如烤肉、切肉、做糕点和烘焙等。希望对您有所助益。

　　建议所有的家庭厨师，无论您有无经验，在开始烹饪之前请务必仔细通读几遍食谱，检查您是否准备好正确的原料和厨具，并确定您还需要采买的东西。每位厨师都应该有一个能很好地储存基本物品的橱柜，如面粉、糖、发酵粉、大米、意大利面和切碎的番茄等，这些东西都是您经常会用到的，并且都易于保存。您还要在冰箱里准备些面包、牛奶备用。买您能负担得起的最好的原料，尽可能是本地生产的，比起干香草，我更喜欢新鲜的香草，不要忘了您可以在您家厨房的窗台上种些香草，这是很简单的。您要确保称量准确，因为称量是非常重要的，尤其是在烘焙的时候；在称量时，您选用英制计量单位或公制计量单位——只是在同一食谱中，不要混合使用两种计量单位。由于烤箱各异，因此在温度和时间方面要保持警惕，并详细记录下准确的时间，以备将来之需。最后，也许我能给您最有用的一条忠告是：在为亲朋好友准备饭菜时，不要做太过复杂的东西，尤其是当您的厨艺还不够精湛时。只要按食谱做简简单单的饭菜，您就可以立即变身为明星厨师。

　　请好好享受，送上我最美好的祝福！

Mary Berry

基本厨具

好的厨具会使原料的准备和烹饪过程变得更容易，更令人愉快，并为您节省更多的时间。但如果您是一名新厨师，不要仓促地立即将所有厨具都买全。您可以随着经验的增加，逐步添置。开始就买便宜的厨具虽看似省钱，其实可能不然，因为它们可能用不了多久就坏了。

锅与平底锅

选择足够沉的平底锅，因为它们在炉盘上能平平稳稳地坐着而不倾斜。记住您使用的是哪种炉盘。例如，配电磁炉的平底锅必须是用铸铁或钢等有磁性的金属制成的；配卤素炉盘的平底锅的锅底要厚，这样才能应付突增的高温；Aga牌平底锅的优点在于其与电炉打交道的超平锅底。我建议至少准备3个不同尺寸的深平底锅和一个浅平底锅，最好是炒锅。

中号平底锅

在很多场合都适用，您需要3个不同尺寸的平底锅，理想情况是容量为1.5升、2升和3升的平底锅各一个。

大号平底锅

一个5升的带盖平底锅适合做汤和高汤及做意大利面。也可选10升的带盖平底锅用作炖锅。

平底炒锅

炒锅的用途更广泛，比煎锅要深。炒锅的侧面是直的且带盖，适用于浅层油炸、煮或用大火爆炒。

小号平底锅（奶锅）

奶锅的容量大约为1升，要选择不粘锅并且两端都有浇出嘴的。

炭烤锅

　　在家里，用炉盘上带凸纹的锅（通常是铸铁锅）烹饪是使食物有烧烤效果的一种简单方法，而且看上去也很专业。

炒菜锅

　　这种锅很深，是用非常薄的金属制成的，十分适合用大火爆炒，食物很快就会被炒熟。尽可能买最大的，带一个长柄和盖的锅就更理想了。

煎蛋锅

　　如果您要做许多煎蛋的话，这种锅就非常有用了，因为它很浅，而且大小正合适（如果要用2~3个鸡蛋做鸡蛋饼，就选用18~20厘米的锅）；如果您没有煎蛋锅，一个普通的煎锅也可以。

选择锅的材料

　　有各种材料制成的锅。您选择的材料会显著地影响食物的烹饪、锅的耐用性及成本。制造商发明了炊具，并极大地提高了性能。一些平底锅可以在洗碗机中清洗（检查制造商贴的标签上的注意事项），但带木把手的平底锅则必须用手洗。

材 料	优 点	缺 点	改正方法
不锈钢	重量轻；经久耐用；易于清洗；可用洗碗机清洗；是最佳的综合性选择	除非与其他金属混合，否则受热不均；做鸡蛋等食物时会粘锅	不锈钢平底锅的锅底通常会夹入另一种金属以提高其散热性；厚底平底锅很贵但却能用一辈子
铸铁	经久耐用；耐高温，能快速均匀地烹饪食物；蓄热性强，也是慢炖的理想选择	太重，难举；加热需要很长时间；保养比较麻烦（若不经常对这种材料制成的锅进行干燥处理，会很容易生锈，而且食物也爱粘锅）；洗碗机能减轻搪瓷脱落	通常要在铸铁炖锅上涂上瓷釉以防止它们生锈
铜	绝佳的导热体，在烹饪时，食物能够均匀加热，这使得铜锅成为许多厨师的最爱；如果能精心照管还是很有吸引力的	贵；沉；由于铜能与食物、空气和液体发生化学反应，因此会变色；需要擦拭；不能放在洗碗机里洗	铜锅的内壁通常有一层不会发生化学反应的金属，最常见的是不锈钢（以前是用锡和银）
铝	热分布性好；质轻；价格合理	会与酸性食物发生化学反应；质地软，很容易被刮出刮痕；通常不能放在洗碗机里洗，但某些经过特殊处理的锅可以，请检查标签	铝的表面通常要覆盖一层不会发生化学反应的材料，如不锈钢或不粘锅涂层。通常还要对铝锅进行阳极化处理使其更坚硬
不粘锅涂层	由于食物不会粘锅，因此可以做脂肪含量少的食物，让它成为健康的选择；不粘锅表面很容易清洗	很容易被刮出刮痕；随着时间的推移，不粘锅涂层会磨损；不能使用金属烹饪器具、磨砂性海绵或硬毛刷；不是所有这种材质的锅都能放到洗碗机里洗	一些比较新的材料（如钛等），会比传统的不粘锅涂层更经久耐用，而且还能跟金属炊具一起使用，也不会被划坏

烤箱器皿

由于金属是最好的导热体，因而是烘焙（和制作糕点）时会用到的理想材料。用陶器、粗陶器、瓷器和耐高温的玻璃制成的餐具也可以在烤箱里使用。通常，用烤箱做出来的食物也足够诱人，能摆上桌面。

松饼或约克郡布丁烤模

松饼或约克郡布丁烤模有6个或12个洞，洞的宽度和深度都不一样。

馅饼烤模

馅饼烤模有平的、倾斜的内侧面和一个用来做馅饼边的边沿。通用的尺寸是顶部直径为23厘米。

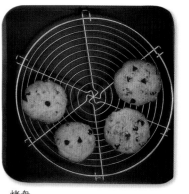

小烤盘

一种很小的陶瓷制成的烤盘，是制作单人份的蛋奶酥和奶油焦糖布丁的首选，平均容量为150毫升。

金属丝架

对于冷却蛋糕和饼干来说是必不可少的，因为它能让空气在食物周围流通。

带开关弹簧的蛋糕烤模

很容易移动奶酪蛋糕等易碎的蛋糕。

烤盘

一个扁平的金属盘子，可用来烘焙饼干和其他小块食物。买那种结实耐用的，能放入您的烤箱的最大的烤盘。

三明治/海绵状烤模

很浅的蛋糕烤模；最常用的尺寸是20厘米，至少3厘米深。许多烤模（但并不是所有的烤模）都有一个可以移动的底。

乳蛋饼烤模

选择一个带有可移动底的烤模，这样当从烤模中拿出乳蛋饼时就不会把乳蛋饼弄碎了。

面包烤模

既可用来做鱼肉馅饼和肉糜，还可用来烘焙面包和蛋糕。最常用的烤模的容量是450克或900克。

烤盘烤模

用来烤蛋糕和饼干，蛋糕和饼干要被切成块状食用；30厘米×23厘米，4厘米深。

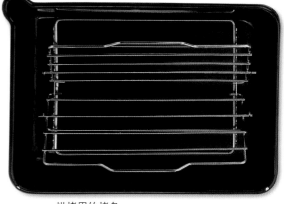

烤盘

通常烤盘是用粗陶器或陶器制成的。大多数烤盘既可以被放在烤架下也可以被放进热的烤箱中，但却不能放在炉盘上。

炖锅

被涂上瓷釉的铸铁制的炖锅能很好地蓄热，而且还耐火，因此它既可以用在炉盘上，也可以用在烤箱中。

烘烤用的烤盘

带有内侧面，用坚固的金属制成的烤盘最适合用来烤肉和蔬菜。一些烤盘还配有一个架子，以烤去肉中的脂肪。可以在炉盘上使用。

切削工具

　　一套质量好、锋利的刀是必不可少的。要将刀存放在一个刀架里或固定在墙上的磁条上，如果把刀放在抽屉里，它们会很快变钝。用最新的制刀工艺制成的陶瓷刀比钢刀更轻、更硬、更锋利，但它们并不适用于所有的东西，如家禽和肉类的切割、剔骨和将其切成带骨的大块肉等。

剪刀

　　准备一把仅供厨房使用的剪刀。这可以使很多任务都变得很方便，如剪去草本植物等。

锯齿形刀

　　适合切番茄或柠檬，以及其他光皮或粗皮的蔬菜和水果。

面包刀

　　带有21厘米长的刀片的锯齿形刀能干净利落地刺入面包皮。

用来收拾家禽的大剪刀

　　这样将鸡肉和其他鸟肉剪成带骨的大块肉就很轻松了。

去皮刀

　　适合于精细活儿，如给苹果和辣椒削皮或挖核等。刀片长10厘米。

切肉刀叉

　　叉子用来固定肉，而刀则用来将肉切成薄片。

厨师刀

　　多种用途的切刀，带有一个坚硬的、很沉的20厘米长的刀片。

削皮器

　　一个能旋转的刀片（左侧）最适合直的蔬菜；而一个固定的刀片则适合圆的蔬菜。

磨刀石

　　每隔几天就要磨一次刀；钝的刀会导致意外。

半月形刀

　　通过在食物上来回晃动才能将食物切碎；尤其适用于大量带嫩叶的草本植物。

切菜板

　　用一个结实的木质切菜板，在上面放上一张柔韧的切割垫；选用一整套切割垫，每张切割垫都用不同的颜色编码，以防交叉污染。

测量设备

　　购买和使用优质的测量设备总会让您受益，特别是在烘焙馅饼、面包或蛋糕时，因为这些场合下精准性对烘焙成功来说是非常重要的。

自动定时器

　　当您比较忙或忘记看表的时候，自动定时器便能派上用场。

测量罐

　　用于测量液体和一些干燥的原料。在测量热的液体的时候，用钢化玻璃做的测量罐比用塑料做的测量罐好。

测量勺

　　买一套测量勺；普通的测量勺不够准确。

测定肉内层温度的温度计

　　在开始烹饪的时候，将探针插入肉最厚的部分。

天平

　　如果您计划做很多烘焙的话，请买一套质量非常好的数字天平。机械天平比较便宜但却不够精确。

碗和炊具

市场上的厨具种类繁多，经常让人眼花缭乱，包括最新的"必须拥有"的小器具。有些厨具很有用，而其他的则不那么有用。下面是我常用的一些厨具。

夹具

用于翻动或移动易碎的热的食物，可以避免像用叉子那样刺穿食物；在高温烧烤食物时很有用。

笊式漏勺

用于将食物从液体中移出并将油脂撇去，或将浮渣从汤的表面除去。对于排掉油炸食物中的脂肪和油来说也是必不可少的。

煎鱼锅铲

非常适于翻动或做易碎的美味食物，如鱼和鸡蛋。

分菜勺

金属勺可用来分菜，但却不适合烹饪，因为它们会刮坏锅；一些勺有洞，以排掉多余的水分。

长柄勺

不要直接将滚烫的液体从重重的锅里倒出来，用一个长柄勺来盛汤和炖菜。

漏勺

做漏勺的最佳材料是不锈钢，因为它结实耐用，可以放在洗碗机里洗，并且不会生锈。最好准备两个漏勺：一个大的，一个小的。

串肉扦

短的金属串肉扦可用来检查肉煮熟的程度以及（鸡等动物的）腿和翅膀是否扎紧；长的木质串肉扦最适合烤串。

面团刷

用于给面团刷浆汁和密封面团，给蛋糕烤盘涂油并给食物涂油。最好准备两个尺寸的面团刷，以用于不同的场合。

搅拌碗

各种不同型号的搅拌碗是完成各种厨房任务所必不可少的。

切刀

用于给司康饼、饼干和小形果子馅饼压型；边缘可以是平的或有凹槽的。

滤器

选择一个独立式、坚固耐用、带把的滤器，以安全地将洗蔬菜和和面团的水排掉。

柔韧的刮铲

能将碗刮干净，很适合用来搅拌混合物。

搅拌器

能将空气和混合物混合在一起；可用于搅拌蛋白和搅打奶油；也可以买手持电动搅拌器。

木勺

可用于很多场合，如将食物混合在一起等；长柄勺最适合在炉盘上搅拌。带角的木勺能触及锅的每个边缘。

铲刀

用于涂抹（给蛋糕挂糖衣）、翻动和举起食物。

木质擀面杖

选长而重的擀面杖，最好是直径为5~7厘米且不带手柄的那种，因为它们可能要缩进面团中。

裱花袋和喷嘴

用于为奶油和糖衣装饰花边，也用于给蛋白糖饼和泡芙造型。金属喷嘴比塑料喷嘴更精确，能形成更锋利的边缘。

加工工具

　　拥有正确的加工工具意味着少浪费食物。电动加工器常常能节约您的时间，但它们却价格昂贵，还会占用宝贵的存储空间。在买电动加工器之前请认真思考您想做什么，多久做一次，每次会做多大的量等。

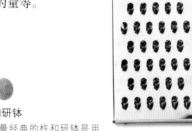

刨丝器

　　最常用的多功能刨丝器在每个面上都有不同大小的洞，大洞用来磨碎奶酪，小细洞则用于坚硬的食物，如帕玛森干酪或肉豆蔻等。

杵和研钵

　　最经典的杵和研钵是用粗陶或陶瓷制成的；可用来磨碎香草、调料和大蒜，也可用来做香蒜酱等酱汁。

柠檬榨汁器

　　您选择的榨汁器的滤网要严丝合缝，以接住果核；要带有坚固耐用的碗，以盛放液体。

压蒜器

　　一个可拆卸的金属网罩会使清洁压蒜器的工作变得更简单。

土豆捣碎器

　　必须坚固耐用并带有一个舒适的把手。要想把土豆搅拌成稀松的糊状，请选用土豆捣碎器。

手持搅拌器

　　手持搅拌器能直接在锅里把汤打成糊状，不是很贵，更小巧易携带，而且比独立式搅拌器更容易清洗。

独立式搅拌器

　　也被称为榨汁机，可用来做口感细腻的汤、酱汁和蔬菜水果泥。做大量食物时要比手持搅拌器更快更好。

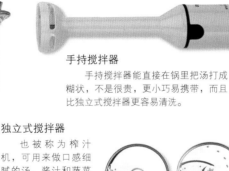

食物加工器

　　不同的刀片可以用来将食物剁碎、磨碎、切成片并将各种原料打成糊状，也可用来做糕点和面包的面团。

烹饪技巧定位

用这个图片指南来帮您快速找到主要的烹饪技巧，一些是所有家常菜的基本技巧，而另一些则更具体，更有挑战性。

高汤

做新鲜的鸡肉高汤，126页

做香浓的牛肉高汤，146页

做新鲜的鱼肉高汤，58页

做新鲜的蔬菜高汤，30页

做热的高汤，198页

蛋类

检验鸡蛋是否新鲜，74页

分离蛋黄和蛋白，54页

搅打蛋白，276页

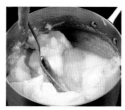

将蛋白调入混合物，50页

煮溏心蛋，74页

煮硬心蛋和给鸡蛋去皮，86页

蒸蛋，80页

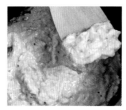

炒蛋，76页

做煎蛋饼，70~72页

做蛋奶酥，48~50页

奶制品

用热牛奶，94页

将奶酪磨碎，196页

搅打奶油，284页

将搅打过的奶油放入裱花袋，301页

用搅打过的奶油做装饰花边，301页

鱼类和甲壳类

将鳎目鱼（鲽鱼）的鱼刺和鱼皮都剔掉，106页

修剪鮟鱇鱼，将鱼肉切片，100页

炭烤金枪鱼鱼排，246页

烤鲑鱼片，92页

烤箱烤鲑鱼，去皮备用，104页

做好鱼饼并用锅煎，108页

清洗蛤蜊，44页

准备贻贝，200页

去掉虾壳和虾背上的黑线，64页

修剪扇贝并将其切成薄片，62页

禽类与肉类

准备鸡胸肉，130页

修剪鸡肝，56页

将鸡肉从鸡骨上剥离，28页

给禽类加填料，129页

烤鸡肉，112~114页

切烤鸡，128页

切烤鸭或烤鹅，129页

给烤盘涂油，118页

（野味）炖菜，使酱汁变浓，136页

给牛肉汉堡塑形，148页

给肉丸塑形并用油炸，154页

把牛肉馅炸成棕色，166页

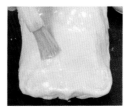
制作威灵顿牛排，150页

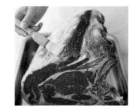
烤牛里脊肉，152~153页

切牛里脊肉，152页

禽类与肉类（续）

炖牛肉，152页

健康煎培根，88页

将猪里脊肉切成片并用大火炒，160页

给（去骨的大块）猪肉加填料，165页

烤猪肩肉，164~165页

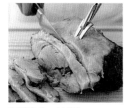

切猪肩肉，164页

修整羊排，176页

给（去骨的大块）羊肉加填料，171页

烤羊（腿）肉，170~171页

切羊（腿）肉，170页

蔬菜

给土豆去皮，208页

将土豆切成薄片，208页

将土豆切丁，220页

刷洗新土豆，238页

将土豆煮成土豆泥，162页

制作奶油土豆泥，166页

烤土豆，172页

将胡萝卜切成细条，160页

将胡萝卜切成圆片，168页

将洋葱切碎，188页

将洋葱切成薄片，162页

炸洋葱，94页

给红葱头去皮，124页

将红葱头切碎，132页

将青葱切成片以备用大火炒，218页

蔬菜（续）

将大蒜去皮并切碎，52页

将大蒜碾碎，208页

准备韭葱，230页

修剪芦笋，54页

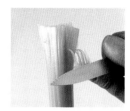
修剪芹菜，42页

将菜豆掐头去尾并切成段，42页

剥豌豆，去掉豆荚，212页

准备圣女果，196页

给番茄去皮去籽，216页

准备牛油果，240页

剥甜玉米粒，44页

给小胡瓜去籽，212页

给冬南瓜去籽，34页

给红辣椒去芯、去籽，216页

将红辣椒切成楔形，118页

烤地中海蔬菜，204~206页

将花椰菜切成小花形状，230页

挖去红球甘蓝的菜心部分并将其切成细条，210页

准备皱叶甘蓝，42页

将豆瓣菜洗净并切碎，36页

将黄瓜去籽，98页

将蘑菇洗净、修剪好并切成片，194页

浸泡牛肝菌菇，198页

准备用大火炒豆腐，226页

挑豆芽并清洗干净，160页

烹饪技巧定位/Technique Finder

意大利面、米饭、蒸粗麦粉和豆类

煮（干）通心粉，186页

软化中式（干）鸡蛋面，116页

煮（白色长粒）大米，120页

煮蒸粗麦粉，178页

泡并煮（干）腰豆，242页

准备好并煮小扁豆，224页

"您准备食物的方式真的影响很大，会影响煮的方式和口感，甚至影响味道。"

香草、香料和种子

将罗勒切碎，216页

将细香葱剪碎，82页

将香菜切碎，28页

将欧芹切碎，82页

将莳萝切碎，98页

将薄荷切碎，176页

将迷迭香切碎，168页

将龙蒿叶切碎，238页

做（烹饪时调味用的）香草束，136页

将辣椒去籽并切碎，156页

将生姜去皮并切末，220页

用微型粉碎器将肉豆蔻磨碎，56页

用肉豆蔻磨碎器将肉豆蔻磨碎，26页

烤松仁，250页

烤芝麻籽，218页

水果

给苹果去核，210页

将苹果切成片，210页

榨柠檬汁，296页

将柠檬皮磨碎，262页

去掉芒果的硬核并将芒果切成片，280页

将芒果切成丁，280页

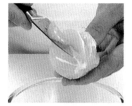
将橙子分瓣，270页

将菠萝去皮并去芯，270页

将菠萝切成片，270页

去掉草莓的花萼并将其洗净，268页

甜点和馅饼

做油酥面团，272页

做甜面团，273页

做千层酥皮，273页

擀面团，254页

将面皮铺在馅饼烤模上，255页

将馅饼边缘压出褶皱，256页

用盲眼烘焙法处理面皮，274页

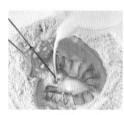
做面糊（做烙饼和约克郡布丁用），228页

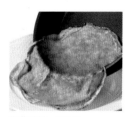
做薄煎饼，260页

做蛋白霜，278页

做甜点浇头，258页

做布丁混合物，264页

在小烤盘中倒入奶油焦糖布丁，288页

融化巧克力，286页

做巧克力卷，286页

蛋糕和饼干

给蛋糕烤模涂油并铺上烘焙纸，300页

制成混合物并烘焙蛋糕，300页

检查蛋糕是否烤透，300页

将饼干压碎，284页

制作胡萝卜核桃仁蛋糕混合物，302页

将面团做成酥饼，320页

将混合物做成烙饼，314页

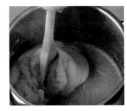
做泡芙面团，322页

将面团做成司康饼，312页

巧克力屑曲奇饼，用匙舀出面团，318页

水果蛋糕，检查蛋糕是否烤透，304页

烘焙蓝莓松饼，310页

做巧克力糖衣，308页

做纸杯蛋糕的糖衣，298页

将糖衣涂在蛋糕上，301页

面包、面包屑和油炸面包块

制作做面包用的面团，326~327页

将佛卡夏面团盖上，334页

做比萨底座，340页

做（新鲜的）面包屑，96页

做油炸面包块，234页

调味汁和调料

做蛋奶沙司，266页

做法式调味汁（沙拉调味汁），236页

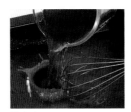
做肉汁，114页和138页

做荷兰酱，80页

做玛丽玫瑰酱（一些地区也称鸡尾酒酱或海鲜酱），66页

调味汁和调料（续）

做（传统）蛋黄酱，248页

（快速）做蛋黄酱，248页

做（传统）香蒜沙司，38页

（快速）做香蒜沙司，38页

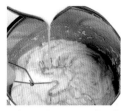
做白沙司（用牛奶、面粉、黄油等制成的调味汁），190页

做番茄酱，188页

做洋葱酱，142–143页

"如果您能精通经典调味汁的做法，那么就没有什么食谱是您做不出来的了。"

烹饪方法与烹饪技术词汇表

在食谱中，我尽量只保留很少的专业烹饪术语，但熟悉基本的烹饪术语对您来说是很有用的。在本书中出现的术语被定义如下，许多术语在食谱页上还附有图例。

烘焙。 在烤箱里烹调。

往上抹油。 用匙将热油和果汁浇到烤肉或烤鱼上，使其变得湿润。

拍打。 通过规则的、用力的、有节奏的运动让混合物变得光滑细腻。

焯。 将食物快速浸入沸水里。

盲眼烘焙。 在放入真的馅之前，先用烘焙纸或豆类来充当假馅放在烘焙馅饼或果馅饼里，以使饼皮更脆。

煮沸。 在炉盘上给液体加热，直到液体剧烈地冒泡。

用旺火把食物炸成棕色。 通过用大火快炒的方式将肉炒成半熟，直到肉的表面变为棕色；这种方式能增加肉的色泽并锁住肉汁。

高温烤炙。 将炭烧烤锅放在炉盘上，并在铸铁制的炙热的炭烧烤锅上烹饪。

裹。 将食物放在食物涂层里滚动或蘸，如面、鸡蛋或面包屑等。

压褶。 捏住馅饼的边缘以产生沟纹线效应。

将食物切成丁。 将食物切成极小的有规则的小块。

在食物上淋。 缓缓地将糖衣、油或醋等液体一小股一小股地来回淋在食物上。

撒粉。 用一种干的原料撒在食物上，如面粉或糖等。

剔骨。 剔除鱼骨头，便得到了去骨鱼片。

拌入。 通过垂直穿透和将一种物质拌到另一种物质里的方式将蛋白等轻的原料与较重的混合物混合在一起。

用油煎。 把食物放在平底锅上煎，在炉盘上用一点油或黄油来烹调食物。

涂油。 在烤盘或餐具内涂上一点动物油或植物油，以防粘锅。

烧烤。 让食物直接受热的烹调方式。

揉。 用您的手掌根按面团，这样面团会变得有弹性。

浸泡。 将食物放在调好味的液体混合物中浸泡，这种调好味的液体可以是甜的，也可以是咸的。

煮半熟。 将食物煮到半熟为止。

裱花。 将糖衣或生奶油等强行挤出袋子和喷嘴以形成旋涡形装饰物。

用文火煮（或煨）。 在热的液体里小火煮鸡蛋或鱼等鲜美的食物，温度控制在沸点以下。

炖/焖。 先在动植物油中将肉炸成棕色，然后放点液体，在带盖的锅里慢慢煮肉。

预热。 在使用烤箱和烤架之前，给它们加热到规定的温度。

把（食物）做成糊（或泥）状。 将食物混合在搅拌机或食品加工器里，或

让食物强行穿过筛子，使其质感更光滑细腻。

收汁。 通过快煮的方式蒸发掉调味汁中的一些液体。

烘烤。 用热的干空气来烹调食物，通常是在烤箱中并添加动植物油。

掺油面糊。 面粉和动植物油的混合物，加热，将两者掺在一起，用来使味汁变得更浓稠。

快炒。 放少量动植物油，将食物用大火快炒。

切成细丝。 将莴苣、甘蓝和罗勒等食物切成细丝。

用文火炖。 用小火烹调食物，温度控制在沸点以下；泡泡几乎或刚刚在水面破裂。

撇去（液体上的漂浮物）。 去掉液体表面的油脂或白沫，如高汤等。

用大火炒。 在炒锅中放很少的油，快速煎炸食物。

滤掉（食物中）的液体。 用笊篱将液体滤出。

焖。 盖上盖子，用低温嫩煎。

烤。 将种子等食物烤成棕色，可以在烤箱里烤，也可以在炉盘上的干锅里烤。

修剪。 在烹饪前剪掉蔬菜或肉不想要的部分。

扎紧。 将禽类的腿用绳子捆紧或用扦子穿住以确保它们在烹饪过程中待在一起，固定填料。

搅打/搅拌。 用搅拌器搅拌奶油或鸡蛋等原料，直到它们颜色变浅并变得松软。

汤

韭葱与土豆汤

美味的自制汤要比买来的汤好喝得多，而且做汤的方法也简单快捷。做好的汤很适合冷冻起来。可作为家常午餐或晚餐，与大块硬皮面包一起食用，或在汤里额外加点涡旋形的奶油，作为雅致的第一道菜。如果韭葱和土豆汤冷藏以后再食用，就成了维希奶油浓汤。

 4人份　　 准备时间：25分钟　　 烹饪时间：30分钟

原料

约250克韭葱
1个洋葱
25克黄油
500克土豆
1.2升热的鸡肉高汤（见126页）
盐和现磨的黑胡椒
肉豆蔻
150毫升一次分离的稀奶油
1茶匙柠檬汁
2汤匙切碎的新鲜欧芹或剪碎的细香葱，做装饰

特殊设备

1个容量为5升的平底锅和1个电动搅拌器

每份含

卡路里：293
饱和脂肪：8克
不饱和脂肪：4克
钠：349毫克

厨师笔记

做高汤

在这里我推荐使用美味的自制鸡肉高汤以使味道更加浓郁香醇，但也可以用蔬菜高汤（见30页）来代替。蔬菜高汤会让味道更清淡。

提前准备

您可以做好汤，盖上盖，放在冰箱里冷藏3天，或冷冻3个月。如果想做维希奶油浓汤的话，先将汤放凉，然后再盖上盖并至少冷藏4个小时。冷藏会使汤的味道变淡，食用前请检查味道如何，调味。

准备好韭葱和洋葱

 准备时间：10分钟

修剪韭葱，在汤上撒一些绿色的韭葱做点缀。先将韭葱纵向对切，再横切为5毫米厚的薄片。在滤锅中用大量凉的自来水冲洗。将水沥干。将洋葱去皮，切成与韭葱一样厚的薄片。

焖蔬菜

 准备时间：10分钟　　 烹饪时间：10分钟

成功关键
　　确保温度不要过高，否则会把黄油烧焦。

1 将锅置于炉盘上，用中火加热，并加入黄油。待黄油融化起沫后，加入切好的韭葱和洋葱。

2 搅拌，令蔬菜裹上黄油。盖上锅盖，煮10分钟左右，或直到蔬菜变软但却没有变成棕色，不时地掀开锅盖搅拌。

3 在煮韭葱和洋葱的时候，给土豆去皮并将其切成5毫米厚的薄片。当韭葱和洋葱煮好后，将土豆片倒入锅中。

加入液体

🕐 烹饪时间：15分钟

成功关键
　在您将它们煮成浓汤之前，确保所有的原料都完全变软。任何煮得欠熟的蔬菜都将令汤尝起来不够顺滑可口。

1 加完土豆片后，马上将热的高汤倒入锅中，然后加入一点盐和胡椒。不要加太多的盐，因为高汤本身可能已经含一些盐了。

2 加入大约8粒磨碎的肉豆蔻，将火调大，将汤煮沸。调小火，盖上锅盖，用文火炖10分钟左右，或炖到蔬菜变软。

混合并重新加热

 准备时间：5分钟　　 烹饪时间：5分钟

成功关键
　如果您使用手持搅拌器，令刀片保持在汤表面以下的位置，以防汤四处迸溅，搅拌3分钟左右。

1 将锅从火上移开并用手持电动搅拌器将汤打成糊状。或者等汤稍微放凉一会儿后，用独立式搅拌器将汤分批打成糊状。

2 将汤放在中火上煮。将锅从火上取下，并加入奶油和柠檬汁，然后再搅拌并检查味道如何，调味。用新鲜的香草做装饰。

"奶油涡旋和薄薄的一层香草令汤看上去是如此美味，简直令人垂涎欲滴。"

鸡肉面条汤

　　这种亚洲风格的汤清淡而又令人感到饱足，是午餐的理想选择。将肉和蔬菜煮成棕色会令高汤的色泽更好，味道更鲜美。滤出的高汤可当作其他类型的鸡肉汤的主料。

原料

4人份

1.5汤匙植物油或葵花籽油

6块鸡腿肉，总重量大约为675克

1个洋葱，去皮并大致切碎

2根胡萝卜，去皮（1根切成厚片，1根切成丁）

1根芹菜茎，修剪好并切成薄片

2.5厘米长的1块新鲜姜根，去皮

2瓣蒜，去皮并切成薄片

85克中等粗细的中式干鸡蛋面或米线

198克罐装甜玉米，将水分滤干

盐和现磨的黑胡椒

少许酱油

4棵青葱，修剪好并切碎

切碎的香菜或平叶欧芹，做装饰

每份含

卡路里：354

饱和脂肪：2.5克

不饱和脂肪：9.5克

钠：548毫克

烹饪方法

1 将1汤匙的油置于大锅中，加热。放入鸡腿肉，用中火炸5~8分钟，直到鸡腿肉全部变为棕色。若有必要，将鸡腿肉分成两批炸。将鸡腿肉取出并放在一旁备用。

2 做高汤：将洋葱、切成片的胡萝卜和芹菜放入锅中，用剩下的油炒4~5分钟，直到洋葱刚开始变成棕色。加入炸好的鸡腿肉。倒入1.5升的水，煮沸，然后盖上锅盖，用文火慢炖40~45分钟。

3 用笊式漏勺撇净汤表面的浮沫。取出鸡腿肉并放在一旁备用。用精致的笊篱将高汤滤出。

4 待鸡腿肉晾凉时，按如下所示的那样剥去鸡腿上的肉，并将剥下的肉放在一旁备用。将高汤倒入一个大锅里。放入生姜、大蒜和切成丁的胡萝卜并用文火慢炖10分钟。

5 用笊式漏勺将生姜和大蒜滤出并扔掉。将面条倒入高汤中并用文火煮4~5分钟，直到面条变软。拌入甜玉米和鸡肉，热透，然后用盐、胡椒和少许酱油调味。

6 将面条盛到温热的碗中并撒上青葱和切碎的香菜或欧芹。

将鸡肉从鸡骨头上剥离

　　用手指和一把刀，将鸡肉从鸡骨上撕下、切下。修剪筋腱并扔掉鸡皮。用手指将鸡肉撕碎。

将香菜切碎

　　从香菜茎上剥去香菜叶，将这些香菜叶堆成一堆。用手按刀尖并上下晃动刀柄，将香菜叶切碎。

咖喱欧洲防风汤

　　这道菜是美食作家简·格里格森原创的欧洲防风汤的变式。由于格里格森家花园里栽的欧洲防风供应过剩，她便创造了欧洲防风汤。不能提前准备欧洲防风，要即用即备，因为一旦去皮和切割，它们便很容易变色。

原料

4人份
3汤匙葵花籽油
1个洋葱，去皮并切碎
1茶匙马德拉斯（辣）咖喱粉
10克普通面粉
900毫升蔬菜高汤
500克欧洲防风，去皮并切成片
盐和现磨的黑胡椒
1~2茶匙柠檬汁

香菜酸奶原料
150克原味希腊酸奶
2汤匙切得很碎的新鲜香菜叶

每份含
卡路里：226
饱和脂肪：3克
不饱和脂肪：12克
钠：1072毫克

烹饪方法

1 油置大锅中，加热。加入洋葱并在中火上热5分钟左右，或直到洋葱变软。在洋葱上撒咖喱粉和面粉并搅拌均匀，然后倒入高汤并用大火将其煮沸，不断地搅拌。

2 加入欧洲防风、盐和黑胡椒，再次将其煮沸。将火调小，盖上锅盖，用文火炖15分钟，或一直炖到欧洲防风变得很软为止。

3 将锅从火上移开。用搅拌器将汤搅拌3分钟左右，直到汤变得光滑细腻。您可能需要分批这么做。

4 将汤再次放到中火上煮，然后用文火慢慢煮。依个人口味添加一点柠檬汁。检查味道如何，调味。

5 做香菜酸奶：将酸奶和切碎的香菜叶放入一个小碗中并使其完全混合在一起。

6 再次搅拌汤，然后将其盛到温热的碗中。在每份汤上浇一匙香菜酸奶。

变式：咖喱胡萝卜汤。将主要配方上的欧洲防风替换为相同数量的胡萝卜。

如何做新鲜的蔬菜高汤

1　将2个洋葱、1根韭葱、3根芹菜茎和2~3根胡萝卜切碎。将其放入一个大锅中，如果您喜欢，还可加入1束香草和1瓣碾碎的蒜瓣。

2　将锅添满水并盖上锅盖，煮沸。撇净浮到汤表面的浮沫，然后将火调小，用文火炖30分钟。

3　滤出高汤。如果不立即使用的话，将其盖盖冷却，放在冰箱里冷藏5天或放在冰柜里冷冻6个月。

玛丽的成功秘方

汤

1 用美味的自制高汤做成的汤尝起来味道更好。每当我烤完鸡后，都要用鸡肉做高汤，并将其放在容量为300毫升或600毫升的奶油盒里冷冻起来。

鸡肉面条汤，28~29页

2 由于浓缩固体汤料非常咸，因此，如果您选用浓缩固体汤料，我建议您少放点盐。

3 如果您要用独立式搅拌器来将食物打成糊状，请在汤稍微放凉以后再将其放入罐子中，否则罐子有可能会裂。

豆瓣菜汤，36~37页

4 若想要高汤的质地超级光滑，请将打成糊状的高汤用大滤网滤一下。

5 若用面粉做增稠剂，在搅拌前请将面粉与凉的高汤或水混合；若将面粉加入热的液体中，面粉将结成块状。

6 吸引人的配菜往往能真正提升汤的品位。试着加些新鲜的香草（切碎或整片叶子）、切碎的青葱、烤坚果或烤种子、油煎面包块、酥炸培根或细细磨碎的柑橘皮。

7 将奶油加入汤中会使汤更美味，但如果将一次分离的稀奶油、酸奶油和酸奶加入热的液体中，它们就会凝结，因此，最好用高脂厚奶油或全脂鲜奶油。

8 如果将汤冷冻起来，在将汤重新加热之前请不要加入奶油、牛奶或鸡蛋。在装汤的容器上贴好标签，清楚地标明冷藏汤品的名称和冷藏的日期。冷冻的汤看起来都非常相似。

蛤蜊浓汤，44~45页

9 如果您将汤冷冻过，食用前请先将汤解冻并将汤放在锅里用低温微微加热。如果汤开始分层，就快速搅拌，使之混合，直到汤变得光滑细腻为止。

10 如果要给很多人喝，我觉得比较快而且还一点也不麻烦的方法是用一个很好的喷嘴——而不是一个长柄勺——将汤从一个大罐子中倒出。

简单易做的带香蒜沙司的番茄汤，38~39页

五香冬南瓜汤

冬南瓜汤色泽鲜艳，光滑细腻，带有淡淡的香味，是秋季和冬季里最好的加热器。为了改变汤的口感，我留下几块烤南瓜，将它们切成小立方体，然后在重新加热时，将它们拌入煮好的浓汤里搅匀。

原料

6人份

1个冬南瓜，约1.1千克
2茶匙芫荽粉
1茶匙孜然粉
3汤匙橄榄油，外加2汤匙额外的橄榄油用于油炸
0.25茶匙干辣椒碎
盐和现磨的黑胡椒
25克黄油
1个大洋葱，去皮并大致切碎
2根胡萝卜，总重量约为350克，去皮并大致切碎
1根芹菜秆，修剪好并大致切碎
2瓣蒜，去皮并切碎
1.4升蔬菜高汤（见30页）或鸡肉高汤（见126页）
细细切碎的平叶欧芹，做装饰

每份含

卡路里：226
饱和脂肪：3克
不饱和脂肪：7克
钠：307毫克

烹饪方法

1 将烤箱预热到200℃。按如下所示的方法为冬南瓜去籽，然后用一把小而锋利的刀去皮。将冬南瓜切成楔形，并将其放入一个烤盘中。

2 将芫荽粉和孜然粉放入一个盛有油的碗中，并倒在冬南瓜上。将辣椒碎撒在冬南瓜上，摇晃使其覆盖在冬南瓜表面，然后将其平铺为一层。加入盐和胡椒调味。烘烤35~40分钟，直至冬南瓜变软。

3 同时，在一个大锅中将黄油放到剩下的2茶匙油中融化。加入洋葱、胡萝卜、芹菜和蒜，炸5~8分钟，或炸至洋葱开始变软。

4 倒入1升高汤，将高汤煮沸后调低温度，盖好锅盖，用文火炖20~25分钟，直至蔬菜变软为止。

5 将烤好的冬南瓜分解成更小的小块，以使其更容易被煮成浓汤，然后将烤盘中的东西刮出，并和其他蔬菜一起拌入锅中搅匀。将汤煮成浓汤，直到汤变得光滑细腻为止。

6 将汤倒回锅中并倒入足够的刚刚剩下的高汤，将汤调成您喜欢的稠度。尝一尝再加佐料调味，然后将汤热透并撒上少许欧芹。

如何为冬南瓜去籽

1 将冬南瓜放在厨房的操作台上，紧紧地按住，用一把厨师刀纵向对切。

2 用一个匙沿每半个南瓜的中心刮，将籽和纤维挖出。扔掉。

豆瓣菜汤

这种汤看起来是美丽的翠绿色，带有非同寻常的辣味，是晚宴聚会优雅的第一道菜。为了能保留汤的颜色，不要将汤在炉盘上加热太久，尽可能快地上这道菜。

原料

4人份
50克黄油
1个大土豆（重约300克），去皮并大致切碎
1个大洋葱，去皮并切碎
450毫升鸡肉高汤（见126页）
盐和现磨的黑胡椒
200克豆瓣菜，切碎
500毫升牛奶
1~2汤匙柠檬汁
4汤匙一次分离的稀奶油，做装饰

每份含
卡路里：314
饱和脂肪：12克
不饱和脂肪：6克
钠：303毫克

烹饪方法

1 在一个大锅里将黄油融化。加入土豆和洋葱并搅拌使之混合。盖上锅盖并用小火煮15分钟，不时地搅拌。

2 倒入高汤并用大火煮沸。加入盐和胡椒，盖上锅盖并将火调小。用文火炖10分钟左右，或直到土豆变得很软为止。

3 将锅从火上移开，并加入豆瓣菜。用搅拌器或食品加工器将汤打成糊状，直到汤变得光滑细腻为止。

4 再将汤放回炉盘上，用中火加热，倒入牛奶并搅拌，使之混合。将汤煮至炖点。

5 加入少许柠檬汁，尝尝汤的味道如何，如果您喜欢，可以加更多的柠檬。检查味道如何，如果有必要的话再多加点调料。

6 再次搅拌汤，然后将汤盛入或倒入四个温热的碗中。用汤匙舀取一汤匙奶油，将奶油成涡旋状撒入每个装满汤的碗的中央，以此作为装饰。

　　变式：菠菜汤。用与豆瓣菜一样数量的嫩菠菜，在切菠菜之前将粗菠菜根去掉。不必加柠檬汁，在第二步中除了加盐和胡椒之外，再加入少许肉豆蔻。

准备豆瓣菜

将豆瓣菜的带叶小枝分开，洗净并晾干，然后从菜茎上剥去菜叶。将豆瓣菜的菜叶堆在切菜板上并将其大致切碎。

简单易做的带香蒜沙司的番茄汤

从味道上来说，番茄和香蒜沙司是这道汤的绝配。自制的香蒜沙司能在冰箱里保存两周左右，因此，您可以事先将香蒜沙司做好。若时间紧，您想做更简单的汤，可以买质量好的新鲜香蒜沙司。

原料

4人份

1份浓缩的蔬菜固体汤料
25克黄油
1个洋葱，去皮并切碎
25克普通面粉
两罐400克的切好的番茄
2汤匙番茄酱
盐和现磨的黑胡椒
1茶匙细白砂糖
小罗勒叶，做装饰

制作香蒜沙司所需要的原料

60克罗勒叶，切碎
1瓣蒜，去皮并碾碎
60克松仁
盐和现磨的黑胡椒
60克帕玛森干酪，磨碎
4汤匙橄榄油

每份含

卡路里：128
饱和脂肪：3克
不饱和脂肪：2克
钠：648毫克

香蒜沙司

香蒜沙司很适合冷冻，而且冷冻后味道和颜色都不会改变，因此，您可以做大量的酱汁，将其分批冷冻，每次需要多少便解冻多少。如果您使用的是从商店购买的香蒜沙司，就只需最后在汤中加入6~8汤匙即可。

烹饪方法

1 将浓缩的蔬菜固体汤料溶解在425毫升的沸水中。将黄油置于大锅中，融化。加入洋葱并用小火煮10分钟，直到洋葱变软为止，不时地搅拌。

2 把面粉撒在洋葱上，搅拌均匀，然后加入高汤、番茄、番茄酱、盐和胡椒。用大火将混合物煮沸并不停地搅拌，然后用文火炖2~3分钟，不时地搅拌。稍微冷却。

3 将一个大滤网放在一个耐热的大碗上，将汤倒入滤网中，并用匙背挤压固体使其通过。不要用搅拌器：将汤过滤能除去番茄核和番茄籽。

4 将汤倒回锅中，将火调至中火，并用文火炖。加入糖，检查味道如何，并在上汤前将1汤匙或2汤匙的香蒜沙司呈涡旋状撒入每个碗中。用罗勒叶做装饰。

　　变式：红辣椒番茄汤。省去一罐400克的番茄，在第2步骤中加入400克烤红辣椒（见186页，步骤1）。

传统香蒜沙司

用杵和白把罗勒叶、蒜、松仁和调料捣碎。将其倒入一个碗中，加入一半的干酪和一点油，令其充分混合，然后再加入剩下的干酪和油。充分搅拌。

快速做香蒜沙司的方法

将所有干燥的原料都放入食品加工器中，直到这些原料几乎变得光滑细腻。在刀片还在转动的时候，将油以细流的形式，平稳而缓慢地加入，直至酱汁变得黏稠、乳化。

66 我们午餐常常喝汤。我会提前做好汤，有时甚至成批地做并将做好的汤冷冻起来，因此，为了能吃上一顿快捷的午餐，我需要做的就是给事先冷冻的汤解冻并重新加热。**99**

意大利浓汤

　　由于汤里面含有新鲜的蔬菜和通心粉，因此汤本身就是丰盛的一餐。如果想换换口味，您可以根据自己喜欢的口味选用不同的蔬菜，在这个食谱中，您只要用同样数量的蔬菜，做出来的汤的效果就会一样好。

原料

4~6人份

2汤匙橄榄油
1个洋葱，去皮并细细切碎
1根胡萝卜，去皮并切碎
1根芹菜茎，修整好并细细切碎
1棵韭葱，修剪好并切成薄片
25克普通面粉
1.5升鸡肉高汤（见126页）
1罐400克的切碎的番茄
盐和现磨的黑胡椒
50克干的意大利细面条，将长的面折短
100克菜豆，修剪好，并切成2.5厘米的段
100克皱叶甘蓝，撕碎
磨碎的帕玛森干酪，备用

每份含

卡路里：243
饱和脂肪：2克
不饱和脂肪：7克
钠：373毫克

烹饪方法

1 油置大锅中，给油加热。加入洋葱、胡萝卜、芹菜和韭葱，并用小火煮5分钟，不断地搅拌，直至蔬菜变软为止。

2 撒入面粉，搅拌，使其充分混合。加入高汤、番茄、盐和黑胡椒，并用大火煮沸，不停地搅拌。半盖锅盖，将温度调低，用文火炖20分钟。

3 将意大利细面条、菜豆和甘蓝倒入锅中，充分搅拌并煮10分钟，或直至蔬菜和面条都变软为止。在上餐前检查味道如何，然后将磨碎的帕玛森干酪撒入汤中。

适合做汤的小意大利面

　　适合做汤的小意大利面，或"碎面条"以各种各样吸引人的形状存在，其中包括贝壳面（小的贝壳形）、星形面（小星星形）、切成短段的通心面（小管形）和粒粒面（米粒形的小意大利面）。

修剪芹菜

修剪芹菜的叶子和根部。用锯齿刀在芹菜的根部浅浅地切一刀，将外部粗糙的植物纤维剥下来扔掉。

准备甘蓝

将甘蓝切成4等份并去掉底部的硬梗。去掉每片叶子中央厚厚的叶梗，然后再将其切成细条形。

去掉菜豆的顶部和尾部并将其切成段

1 用手指轻轻地掰断菜豆的顶部和尾部。它们会很容易就被折断的。

2 将几根菜豆紧紧排成一束。斜着将菜豆切成大小相等的段。

蛤蜊浓汤

新鲜的蛤蜊和玉米棒使这种浓汤变得非常特别。然而，如果您想快速做好这道汤，也可以用罐装的蛤蜊、冷冻的或罐装的甜玉米。大块温热的蒜蓉面包是这道汤的绝配。

原料

4人份

350克新鲜的蛤蜊，洗净
或一罐280克卤水小蛤蜊，沥干
1根玉米棒或100克甜玉米粒，如果是冷冻的玉米粒，要先解冻
75克五花熏肉薄片，去皮，切碎
1个洋葱，去皮并细细切碎
20克黄油
20克普通面粉
400毫升热牛奶
300克土豆，去皮并切丁
盐和现磨的黑胡椒
150毫升高脂厚奶油

每份含

卡路里：374
饱和脂肪：12克
不饱和脂肪：9克
钠：785毫克

烹饪方法

1 如果您选用的是新鲜的蛤蜊，将它们至少在冷的盐水（4汤匙盐兑1升的水）中浸泡1个小时，再将蛤蜊沥干，然后按如下所示的方法擦洗蛤蜊壳。盖上锅盖，将蛤蜊用锅蒸5分钟左右，直到蛤蜊壳全部都打开为止。等蛤蜊冷却以后，将蛤蜊肉从蛤蜊壳中取出并放在一旁备用。如果您选用的是新鲜的甜玉米，按下述方法将玉米粒从玉米穗轴上切下。

2 用小火给一个大锅加热30秒，加入熏肉和洋葱并煮5分钟，在煮的过程中要不断搅拌。加入黄油，搅拌至黄油融化为止，然后撒入面粉，搅拌，使其充分混合。

3 将锅从火上移开，拌入热牛奶搅匀。再用小火给锅加热并继续搅拌，直至混合物变稠并冒泡为止。

4 加入土豆、盐、黑胡椒和新鲜的甜玉米（如果用的是甜玉米），煮10~15分钟，或煮到土豆变软为止。加入奶油并用文火炖。如果选用的是冷冻的或罐装的甜玉米，就在加入奶油时也同时加入甜玉米。

5 将蛤蜊加入汤中并慢慢热透。不要将汤煮沸，因为这样做会使蛤蜊变硬。在上菜前检查味道如何。

清洗蛤蜊

将蛤蜊浸泡一段时间以后，在冷的自来水下用一把硬毛刷用力擦洗蛤蜊壳，以去掉泥沙。扔掉开口的蛤蜊或壳坏了的蛤蜊。

去掉甜玉米的包皮

去掉玉米包皮、玉米秸秆和像丝绸一样的玉米穗。在切菜板上垂直握住玉米穗轴，用一把厨师刀沿侧面垂直向下切，将玉米粒从玉米穗轴上切下。

第一道菜

大师食谱：

芝士蛋奶酥

做蛋奶酥并不难，只是有点费事而已。做好这道菜的关键是做出美味的用来调味的芝士酱（或"奶酪底"）。搅拌蛋白，使其达到合适的黏稠度，让它看上去光亮而轻盈，注意计时。口味独特的蛋奶酥是令人激动的第一道菜。如果将其放在一个大一点的盘子里进行烘焙，配以沙拉的蛋奶酥亦是晚餐的理想选择。

 6人份　　 准备时间：15分钟　　 烹饪时间：35~50分钟

原料

300毫升牛奶
45克黄油，外加额外的黄油用于涂抹
45克普通面粉
150克浓浓的切达干酪，磨碎
1茶匙第戎芥末酱
盐和现磨的黑胡椒
4个大鸡蛋

特殊设备

容量为6×150毫升的小烤盘，如果想做一个大的蛋奶酥，则需要一个容量为600毫升的装蛋奶酥的盘子。

每份含

卡路里：409
饱和脂肪：18克
不饱和脂肪：12克
钠：496毫克

厨师笔记

找准时机

由于将蛋奶酥从烤箱里拿出来以后，它会很快缩小，因此，要确保您的客人们在恰当的时间里就座，并马上上这道菜。

提前准备

您可以提前3个小时做蛋奶酥的底座，但您需要在烘焙前再搅蛋白并完成蛋奶酥的制作，待将蛋奶酥从烤箱里取出后便直接上菜。

做蛋奶酥的底座

 准备时间：5分钟　　 烹饪时间：20分钟

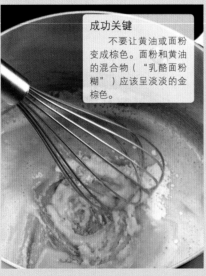

成功关键
不要让黄油或面粉变成棕色。面粉和黄油的混合物（"乳酪面粉糊"）应该呈淡淡的金棕色。

1 将牛奶在小锅里加热，直到牛奶沸腾为止。另起一个锅，用中火加热将黄油融化，加入面粉，并搅拌，使其充分混合。

2 将锅从火上移开，并拌入热牛奶慢慢搅匀。开始时先加入一点牛奶，充分搅拌至混合物变得光滑细腻，然后再加入剩余的牛奶。

成功关键
与做其他所有的芝士酱一样，在不加热的情况下加入奶酪，这样奶酪会融化，而不会烹调过度。

3 再次将锅置于中火上。继续用一个手持搅拌器用力搅拌，直到酱汁沸腾并变得浓稠为止。要不停地搅拌，这是非常重要的，因为只有这样做，混合物才不会结块。

4 当您感觉酱汁变得浓稠了，将锅从火上移开，并加入磨碎的奶酪，搅拌，直到奶酪融化为止。加入芥末酱、盐和黑胡椒。将酱汁冷却一会儿。

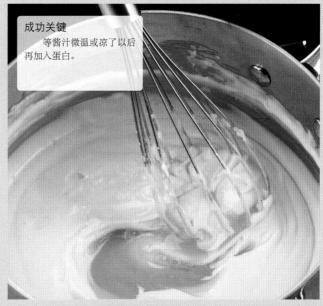

成功关键
确保没有蛋黄混入蛋白中，否则蛋白将不能被搅至最大的量。

成功关键
等酱汁微温或凉了以后再加入蛋白。

5 使蛋黄与蛋白相分离。将每个鸡蛋敲碎，使其裂成两半，轻触两个蛋壳中间的东西，让蛋白滑入下面的碗中，而让蛋黄留在蛋壳里。

6 将蛋黄放在热的酱汁中搅拌，一次只放一个蛋黄，每次加入蛋黄后都彻底搅拌，直到混合物变得完全光滑细腻为止。将混合物放在一旁冷却，待放凉后再加入蛋白（见50页）。

大师食谱/Master Recipe

完成并烘焙蛋奶酥

 准备时间：10分钟　　🕐 烹饪时间：15~30分钟

1 将烤箱预热到180℃并将烤盘放在中间的架子上。将软化的黄油涂在小烤盘的内侧。

> **成功关键**
> 在搅蛋白之前，请确保碗和搅拌器是干净的，而且上面没有油渍。

2 在一个大碗中用打蛋器或调成高速挡的电动搅拌机搅拌蛋白，直到蛋白变蓬松、变硬，像云朵一样为止。

3 将满满的几汤匙蛋白加入冷却的酱汁中，并用搅拌器搅拌，以使混合物变得松软。

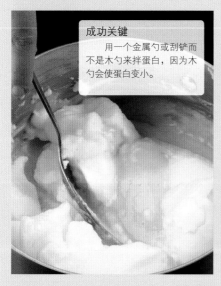

> **成功关键**
> 用一个金属勺或刮铲而不是木勺来拌蛋白，因为木勺会使蛋白变小。

4 轻轻地以"8"字形的方式拌入剩余的蛋白，用匙插入混合物，然后将其翻个儿，直至充分混合。

5 用匙将混合物舀至小烤盘中，使其与烤盘顶部平齐。用拇指指甲沿着小烤盘的内部边缘将露在外面的蛋奶酥按回小烤盘里。

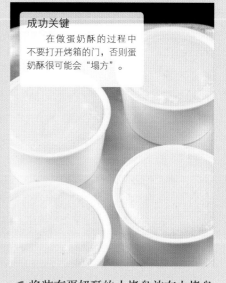

> **成功关键**
> 在做蛋奶酥的过程中不要打开烤箱的门，否则蛋奶酥很可能会"塌方"。

6 将装有蛋奶酥的小烤盘放在大烤盘上。烘焙15~20分钟（如果是大一点的盘子就烘焙25~30分钟），或烘培至蛋奶酥发起来或刚刚变为金棕色为止。

"蛋奶酥是完美的第一道菜：它们轻盈美丽、清淡可口，总是令人印象深刻。"

山羊奶酪和洋葱酱配意式烤面包

意式烤面包是美味丰盛的开胃菜或午餐零食。用这个食谱也可以做142~143页的洋葱酱，但要另加2茶匙香醋和1汤匙糖：额外的甜味使山羊奶酪更美味。

原料

4人份

2茶匙特级初榨橄榄油，外加额外的橄榄油
用以淋洒
1小瓣蒜，去皮并细细切碎
斜着切成薄片的夏巴塔意式面包
3汤匙洋葱酱
125克山羊奶酪，最好是圆木形状的
芝麻菜菜叶，备用
现磨的黑胡椒
香醋，用以淋洒

每份含

卡路里：251
饱和脂肪：7克
不饱和脂肪：8克
钠：349毫克

烹饪方法

1 将烤架设成最高挡预热。在一个小碗中将油和蒜混合。将夏巴塔意式面包片放在烤盘上，并放在烤架下，只烤一面，然后将它们从火上移开，将面包翻面，并用大蒜油刷未烤的一面。

2 在大蒜油的上面，用厚厚的一层洋葱酱涂在每片面包上。将山羊奶酪切为8片，每片厚约1厘米，在每片面包上重叠着放上2片奶酪。

3 将面包片放回烤架下，离火近点，烤3分钟左右，或者烤到奶酪刚开始冒泡并变为可爱的金棕色为止。不要烤得过久，要保持面包酥脆可口。

4 在大浅盘里撒上一些芝麻菜菜叶，将意式烤面包放在菜叶上，加入黑胡椒调味，淋上橄榄油和几滴香醋。

将蒜去皮并切碎的简单方法

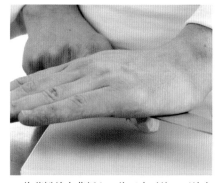

1 将蒜瓣放在菜板上。将刀扁平的一面放在蒜瓣上并用手掌往下按，这会使蒜皮变松。

2 用刀或手指去掉蒜皮，并将其扔掉。然后再将刀扁平的一面放在蒜瓣上并往下按，将蒜稍微压扁。

3 将压扁的蒜纵向切成薄片，再横着切。将切好的薄片堆成一小堆，再切碎，切成更细的蒜末。

香烤芦笋配简易版荷兰酱

通常只是用煮好的芦笋来蘸香浓的奶油酱，但烤芦笋为这道菜增添了独特的口味。在做简易版的荷兰酱时，我发现先给搅拌机加热会使酱汁更易变稠。

原料

4人份

550~600克芦笋，修剪好
橄榄油，用来刷在食物上
盐和现磨的黑胡椒
楔形柠檬块，备用

制作简易版荷兰酱所需的原料

1汤匙柠檬汁
1汤匙白葡萄酒醋
3个大蛋黄（室温）
175克不加盐的黄油，融化

每份含

卡路里：456
饱和脂肪：25克
不饱和脂肪：21克
钠：273毫克

烹饪方法

1 将芦笋放入一个大而浅的煎锅或炒锅中。从壶中倒入足够多的开水，使开水刚刚没过芦笋，然后再煮开并用文火炖2~3分钟，直到芦笋变成鲜绿色但却依旧很硬为止。沥干水并将芦笋拍干。放在一旁冷却。

2 同时，做简易版的荷兰酱：将壶中的热水倒入食品加工器或搅拌器里，倒至食品加工器或搅拌器容量的四分之三处，有规律地摆动或简单处理一下，使机器的碗状内壁温热。倒掉里面的水并将其擦干。

3 将柠檬汁和醋放入食品加工器或搅拌器，倒入蛋黄，有规律地摆动或简单加工。在机器还在运转时，慢慢倒入融化的黄油，每次只加一点。继续慢慢地加黄油，直到混合物变得浓稠，像奶油般柔滑为止。扔掉锅底的乳状液体。根据您的口味添加调料。

4 将橄榄油涂在芦笋上。预热一个带凸纹的铸铁炭烤锅，当锅非常热的时候，将芦笋摆在锅上，烤2分钟左右，翻一次个儿，直到芦笋上出现锅印、芦笋变嫩但仍有嚼头为止。有必要的话分批烤。加入调料，与荷兰酱和楔形柠檬块一起端上餐桌。

修剪芦笋

用一把锋利的厨师刀切掉芦笋坚硬的木本端，留下芦笋嫩茎，将坚硬的尾端扔掉。或者也可以掰掉芦笋尾端。

如何分离蛋黄和蛋白

1 用鸡蛋的中间部分轻敲碗锋利的边缘。用拇指将蛋壳分开，一些蛋白将流到碗中。

2 将蛋黄在裂开的两个蛋壳之间移动，让蛋白流到碗中。将蛋黄放到另一个碗中并让其达到室温状态。

鸡肝和茄子酱

在鸡肝酱里加点茄子会让它更清淡，并降低它的热量，而且还会使口感像丝般光滑细腻。将其放在独特的罐子中或较大的装烤面包的盘子中，如果您一顿没吃完，还可以涂在三明治上。

原料

4人份

175克鸡肝，如果冷冻过就先将其解冻
85克黄油（室温）
1根香葱，去皮并细细切碎
1个小茄子，约重175克，去皮并切丁
85克全脂奶油芝士
1茶匙柠檬汁
1茶匙酱油
1汤匙切碎的新鲜欧芹，外加额外的欧芹做装饰
现磨的肉豆蔻
盐和现磨的黑胡椒

每份含

卡路里：215
饱和脂肪：10.5克
不饱和脂肪：7克
钠：305毫克

烹饪方法

1 冲洗鸡肝并在滤器里将其沥干，大约控水10分钟。将它们放在一张加厚的厨房纸上以吸去多余的水分。按如下所示的方法修剪鸡肝。

2 将45克黄油放在一个大的不粘锅里融化并嫩煎鸡肝，直到鸡肝被煎透为止。用笼式漏勺将鸡肝从锅里取出，移到盘子里并放在一边备用。将香葱放入锅中炸2分钟左右，或直到香葱变软为止。

3 将30克重的黄油加入锅中和香葱一起炒，让黄油融化，然后将切成了的茄子倒入锅中并快炒儿分钟，直到茄子变软为止。将炒好的茄子放在一旁冷却。

4 将放凉了的茄子混合物和鸡肝放在食品加工器里打成泥，直到混合物变得光滑细腻为止。加入剩下的黄油、全脂奶油芝士、柠檬汁、酱油和欧芹并再次将混合物打成泥，直到混合物混合均匀为止。依个人口味加入肉豆蔻、盐和黑胡椒调味。

5 将混合物均分在4个小模具里并将顶部抹平，在上菜前将茄子酱放在冰箱里冷藏。用少量切碎的欧芹做点缀。

修剪鸡肝

用一把去皮刀修剪鸡肝。切去所有白色的筋和呈绿色的斑块。

将肉豆蔻细细磨碎

将整个肉豆蔻横放在微平面磨碎器或肉豆蔻专用磨碎器表面摩擦（见26页）。

法式白葡萄酒贻贝

一年365天您每天都能买到活贻贝，但早秋至仲春时节的贻贝是最好的。确保您买的贻贝是真正新鲜的。如果可能的话，最好用新鲜的鱼肉高汤，但如果您没有鱼肉高汤，溶解在沸水中的浓缩鱼肉固体汤料也很好。

原料

4人份

2千克活贻贝，洗净
2汤匙橄榄油
6棵青葱，修剪好并细细切碎
4根芹菜茎，修剪好并细细切碎
2瓣蒜，去皮并碾碎
300毫升干白葡萄酒
1束香草束（见136页）
盐和现磨的黑胡椒
300毫升热的鱼肉高汤
1大块黄油
4汤匙切碎的新鲜欧芹

每份含

卡路里：544
饱和脂肪：6克
不饱和脂肪：14克
钠：1582毫克

烹饪方法

1 首先用200页所示的方法准备好贻贝。去掉所有开口的贻贝或那些壳坏了的贻贝。将准备好的贻贝放在一旁备用。

2 油置大锅中，给油加热，加入蔬菜和蒜，用中火炸5分钟左右，或炸到蔬菜和大蒜变软为止，不停地搅拌。

3 加入葡萄酒、香草束、贻贝、盐和胡椒。盖上锅盖，用大火煮5分钟左右，或煮到贻贝壳全部打开为止，不时地晃晃锅。

4 捞出贻贝并将它们放入4个温热的汤盘中，扔掉仍未开口的贻贝。保持温热状态。

5 将香草束拿走并将高汤加入锅中，煮3~4分钟，直到汤变少、变稠为止。加入黄油并搅拌到黄油融化，然后再加入欧芹。检查汤的味道如何，并将酱汁淋在贻贝上。

我是如何做新鲜的鱼肉高汤的

1 将洗净的3条鱼的鱼头、鱼骨和鱼皮放入1个大锅里，如有必要，用刀将它们切成块放入锅中。请选用鲑鱼或白鱼，不要选择黑鱼，如鲭鱼或鲱鱼等油性鱼。

2 将3根胡萝卜、2个洋葱、2棵韭葱和1根芹菜茎大致切碎，并将欧芹、百里香枝和胡椒籽加入锅中。用冷水完全盖过鱼肉，并将其煮沸。

3 撇去表面的浮渣，调小火，用文火炖30分钟。将锅从火上移开，将滤出的汤放入一个大碗中。在冰箱里冷藏2天或放在冰柜里冷冻6个月。

玛丽的成功秘方

第一道菜

1 当您在准备第一道菜时，将您的菜单作为一个整体来看待，平衡好菜的不同风味和口感，不要重复。如果您准备的主菜是肉菜，就用鱼或蔬菜作为开胃菜，以和主菜形成鲜明的对比。反之亦然。

切成薄片的扇贝和意大利咸肉，62~63页

2 请牢记第一道菜应该刺激味蕾而不是破坏食欲。开胃菜要量小，不要太过丰盛，好让客人们回味无穷，迫不及待地期待主菜。

香烤芦笋配简易版荷兰酱，54~55页

3 如果时间紧或计划做一道复杂的主菜，您可以提前做第一道菜。切记，即便是提前准备，大多数热菜也都需要在上菜之前完成最后一道工序。

4 将您的第一道菜做得漂亮些：用新鲜的香草或其他五颜六色的饰菜来装饰颜色原本不是很鲜艳的菜。

5 在不是很正式的场合，我常常将开胃小菜摆在一个大的浅盘子上，和饮品一起分给大家，而不是在餐桌上上第一道菜。

6 考虑将开胃菜做成主食小拼盘的形式，而不是更传统的3道菜的形式。这将特别适合住在狭小空间里，没有餐桌的人。

7 您在款待客人时，精心的策划是成功的关键。如果您要做的第一道菜是一道热菜，开始做菜前就要准备好所有需要的东西，如隔热手套、炊具和定时器。

8 如果第一道菜是热菜，在上菜时，为了加快速度，我事先在每个盘子上摆好饰菜，然后加入热的食物并马上上菜。

9 在进行最后一道烹饪程序或重新加热前，将客人们召集在一起，否则食物会变凉。

10 要是我上的开胃菜是一道冷菜，我喜欢先将盘子摆在每个餐位前，然后再召集客人们来吃——这样做显得主人更热情好客。如果您家里有猫或狗，请确保门是关着的。

芝士蛋奶酥，48~51页

切成薄片的扇贝和意大利咸肉

扇贝常常会使一顿饭变得很特别。在这里，扇贝和少许味淡的亚洲混合香辛料、意大利咸肉一起入菜。我曾用大而肥美的"国王"扇贝来做这道菜，因为它们非常鲜美多汁。将它们放在中式鸡蛋面上再端上桌。

原料

4人份

2根大胡萝卜，去皮
6棵青葱，修剪好
50克意大利咸肉
1汤匙葵花籽油
200克去了壳的扇贝，修剪好，如有必要的话，请切成薄片
250毫升椰奶
1茶匙细白砂糖
75克中等粗细的中式干鸡蛋面，浸泡备用（见116页）
新鲜的香菜叶，做装饰

制作混合香辛料所需的原料

3瓣蒜，去皮并碾碎
2.5厘米长的一块新鲜生姜根，去皮并切碎
2茶匙味淡的咖喱粉
2汤匙葵花籽油

每份含

卡路里：368
饱和脂肪：9克
不饱和脂肪：12克
钠：312毫克

烹饪方法

1 做混合香辛料：将做混合香辛料的所有原料都放在带金属刀片的食品加工器里加工，直到混合物变得光滑细腻为止。或者也可以用杵和臼将其捣碎。

2 将胡萝卜切成细丝并将青葱斜切。将意大利咸肉切成豌豆大小的小立方体。

3 将一个不粘食物的炒锅置于大火上，加热1~2分钟，直到锅变得非常热为止。加入油并加热，直到油开始冒烟为止。将意大利咸肉煎1分钟。

4 将火调至中火，加入胡萝卜并煸炒1分钟。加入混合香辛料并煸炒2分钟。加入扇贝肉和青葱，并用大火煸炒3分钟左右。

5 加入椰奶、细白砂糖和盐。搅拌并加热，直到混合物开始冒泡为止。将扇贝肉和意大利咸肉的混合物倒在中式鸡蛋面上，并用香菜叶做点缀再端上桌。

如何挑选扇贝和做扇贝

通常，扇贝都是不带壳出售的。好的扇贝闻起来香甜、新鲜，而且肉质肥美，似奶油般柔滑。您并不总是能买到带橙色扇贝卵的扇贝，但如果能买到，请不要将扇贝卵丢掉，将其与扇贝一起烹饪，这会令扇贝更加鲜美。扇贝煮3~4分钟即熟，因此煮扇贝时不要超过这个时限，否则扇贝会变硬。

修剪扇贝并将其切成薄片

 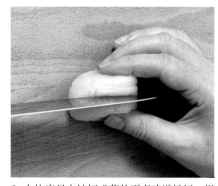

1 用锋利的厨房剪剪掉扇贝白肉一侧新月形的肌肉并将其扔掉。

2 大块扇贝肉被切成薄片再煮味道最好。用一把厨师刀将扇贝肉切成圆片。小的"女王"扇贝可以整个煮。

蒜蓉大虾配番茄汁

用蒜蓉大虾配番茄汁作为第一道菜是很明智的。如果您打算用肉菜做主菜，那么蒜蓉大虾配番茄汁会让您的菜单更加多样化。最好买虎虾来做这道菜，因为虎虾的大小更令人印象深刻，并且鲜美多汁、口味极佳。

原料

4人份

16~20只虎虾，去皮并除去虾背上的虾线（最好是生虾）
5汤匙橄榄油
3瓣蒜，去皮并碾碎
盐和现磨的黑胡椒
250毫升意大利番茄酱
用半个柠檬榨的柠檬汁
1茶匙细白砂糖
100克长粒米，煮熟备用（见120页）
3汤匙大体切碎的新鲜欧芹，做装饰
将一个柠檬的柠檬皮大致磨碎，做装饰

每份含

卡路里：340
饱和脂肪：3克
不饱和脂肪：16克
钠：416毫克

如何挑选虾和做虾

您很容易就能买到带皮的整只虎虾或去了头的虎虾（去了头的虎虾常常被称为虾尾）。如果您买来的是整只虎虾，不要扔掉虾壳；虾壳能令高汤更加美味可口（鱼肉高汤，见58页，将修整鱼时剪掉的部分替换为虾壳）。如果用的是煮好的虎虾，将虎虾在意大利番茄酱中热1~2分钟。

烹饪方法

1 将虎虾和橄榄油、蒜、盐、黑胡椒一起放入一个大碗中。搅拌均匀，使其充分混合。

2 同时，将一个大的不粘锅放在大火上加热2分钟。在生的虎虾中加入橄榄油和蒜并搅拌2分钟，直到虾变成红色为止。将火调至中火，并加入意大利番茄酱、柠檬汁和细白砂糖。煮3~4分钟并不断搅拌。检查味道如何。

3 将虎虾放在长粒米上，并用欧芹和柠檬皮做点缀再端上桌。

去掉虾壳和虾背上的虾线

1 如果虾头仍在虾上，用手指将虾头捏住，将虾头从虾的身体上拔出，使肥厚鲜嫩的虾尾保持完整。

2 用手指从虾头部位开始将虾壳从虾身上剥下来。当到达虾尾时，将虾肉从壳中拽出。

3 如果虾很大，就去掉虾背上的虾线，即虾的肠道；用去皮刀在虾背上切一个浅口以露出虾线。

4 用刀尖挑出整条虾线：从头部开始从上往下轻轻地将虾线拉出。扔掉拽出的虾线。

大虾冷盘

　　能呈现沙拉层次的玻璃杯是盛这道经典菜系的理想器皿。您可以提前3天做好酱汁并提前4小时装盘。用清淡的蛋黄酱和半脂鲜奶油或原味酸奶来做口味较淡的酱汁。

原料

4人份
225克煮熟并去壳的北大西洋大虾，沥干并拍干
1把豆瓣菜
1棵小宝石莴苣
85克黄瓜片
红辣椒，用来撒在菜上
楔形酸橙块，备用

制作酱汁所需的原料
6汤匙蛋黄酱
3汤匙鲜奶油
2汤匙番茄酱
1.5~2汤匙奶油辣根酱（见152页）
1茶匙番茄泥
半茶匙伍斯特沙司
几滴塔巴斯哥辣酱
大约1汤匙柠檬汁
盐和现磨的黑胡椒

每份含
卡路里：283
饱和脂肪：6克
不饱和脂肪：17克
钠：654毫克

烹饪方法

1 制作玛丽玫瑰酱：在一个碗中将蛋黄酱、鲜奶油、番茄酱、奶油辣根酱、番茄泥、伍斯特沙司、塔巴斯哥辣酱和柠檬汁混合在一起。加入盐和黑胡椒。品尝一下味道如何并调味，如果需要的话，加入更多的辣根酱和柠檬汁。

2 拿出4个盛沙拉的玻璃杯并在每个杯子的底部放几只鲜虾。用匙淋一点酱汁。

3 将豆瓣菜的长茎或粗茎剪掉，将小宝石莴苣撕碎并将黄瓜切成丁。将豆瓣菜的菜叶与莴苣和黄瓜混合在一起。用黑胡椒调味。

4 将绿色植物均分在4个杯子中，然后将剩下的鲜虾放在每个杯子的顶部。

5 用匙将剩下的酱汁淋在鲜虾上，撒上辣椒粉，并和楔形酸橙块一起端上餐桌。

　　变式：大虾牛油果冷盘。将1个熟的切成丁的小牛油果拌到莴苣混合物里。

如何做玛丽玫瑰酱

要想做玛丽玫瑰酱，您需要将所有的原料都放在一个小碗里并用一个叉子或匙搅拌，使其充分混合。做好的玛丽玫瑰酱味道辛辣且如奶油般柔滑。

蛋类

经典法式煎蛋饼

没有什么比煎蛋饼做起来更简单、更快捷了：仅仅用少量的基本原料，您就能很快地做好一顿美味的即兴大餐。经典法式煎蛋饼虽然很简单，但可加在这道菜里的调味品和填料却是无穷的。在这里，我加入了被称为香料的法式芬芳草本植物的组合。

 1人份　　 准备时间：3分钟　　 烹饪时间：不超过1.25~1.5分钟

原料
2个大鸡蛋
1汤匙切碎的新鲜草本植物，如细香葱、欧芹、龙蒿和山萝卜等（如果能买得到的话）
1汤匙水
盐和现磨的黑胡椒
核桃大小的黄油块

特殊设备
1个不粘食物的边缘呈圆弧形的煎蛋锅，直径为18~20厘米

每份含
卡路里：281
饱和脂肪：10克
不饱和脂肪：10克
钠：327毫克

厨师笔记

使用尺寸合适的锅
要想做2~3个煎蛋饼，最好选用直径为18~20厘米的煎蛋锅。锅太大，煎蛋饼会又薄又干；锅太小，煎蛋饼的底部就会像皮革一样硬，而且饼的顶端还不会熟。

准备原料

 准备时间：3分钟

香料
这种经典的草本植物混合物包括等量的细香葱、山萝卜、欧芹和龙蒿。

即食
煎蛋饼必须一做好就赶快吃掉。它很快就会变凉，一变凉口感就会变得像橡胶似的。

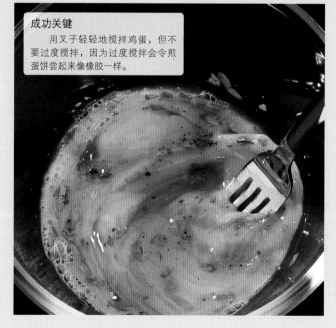

成功关键
用叉子轻轻地搅拌鸡蛋，但不要过度搅拌，因为过度搅拌会令煎蛋饼尝起来像橡胶一样。

将鸡蛋打碎，放在一个碗里，然后加入切碎的新鲜的草本植物混合物、水、盐和黑胡椒。用叉子轻轻地搅拌，力度足够分开蛋黄和蛋白即可。

做煎蛋饼

🕐 烹饪时间：1.25~1.5分钟

成功关键
　　在大火上将锅预热，直到锅变得滚热为止，这样煎蛋饼很快便会做好了。

1 将锅置于大火上，加热30秒左右，直到锅变得滚烫为止。加入黄油：黄油很快便开始起泡。将锅倾斜，这样黄油便会盖住锅底。

2 待黄油一融化，不再冒泡（咝咝声将减弱），倒入鸡蛋和草本植物混合物。将锅倾斜并将鸡蛋摊满锅底。

3 约10秒钟之后，用一个木质刮铲将做好的鸡蛋从锅的边缘铲至锅中间，让液态蛋流到空出来的空间。

成功关键

为了让煎蛋饼富于变化，此时略去添加草本植物的一步，加入切碎做好的火腿或磨碎的奶酪（切达干酪、格鲁耶尔干酪或斯提耳顿干酪）。

4 继续煎1~1.25分钟，直到煎蛋连成饼状，而且再没有蛋液流入空出来的空间。这时，煎蛋饼顶端的蛋黄仍没熟透，呈流质状。

5 将煎蛋锅向一边倾斜并用刮铲将煎蛋饼折叠。轻轻地摇锅，让煎蛋饼滑至锅的边缘处。

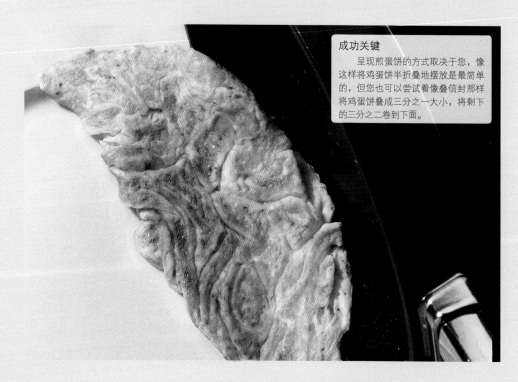

成功关键

呈现煎蛋饼的方式取决于您，像这样将鸡蛋饼半折叠地摆放是最简单的，但您也可以尝试着像叠信封那样将鸡蛋饼叠成三分之一大小，将剩下的三分之二卷到下面。

6 拿一个盘子到锅边。进一步将锅翻倒过来，煎蛋饼便会从锅里滚出来，掉到盘子上。立刻趁热端上桌。

"我认为在一周中能将简单的煎蛋饼作为午餐享用是很完美的，因为煎蛋饼很快就能做好，口味清淡又营养丰富。"

终极溏心蛋

因为不用使用黄油或油，所以煮是吃鸡蛋最健康的方式之一。我建议您买散养的鸡蛋来煮——您会发现蛋黄的颜色更加明亮，而且味道也更好。

原料

2人份

2个大鸡蛋
盐和现磨的黑胡椒
烤面包，备用

每份含

卡路里：100
饱和脂肪：2克
不饱和脂肪：5.5克
钠：98毫克

烹饪方法

1 至少在烹饪前30分钟将鸡蛋从冰箱里取出；如果鸡蛋特别凉，蛋壳在热水中就会破裂。

2 用一个大头针在蛋壳较大的一端底部扎一个1厘米深的小洞，让蒸气跑出。否则，在煮的过程中气压将增强并导致蛋壳破裂，将蛋壳内的保护膜与蛋白分离会使鸡蛋壳能被较容易地剥下来。

3 将一口小锅放在炉盘上，水添至锅的三分之二处，将水煮沸。如果您用一口大锅将几个鸡蛋一起煮的话，这些鸡蛋会互相碰撞，蛋壳也有可能会破裂。

4 用一个篦式漏勺轻轻地将鸡蛋放入锅中，每次放一个鸡蛋。再次将水煮沸，然后将火调小，调至文火煮，将定时器设置到4分钟，这样溏心蛋就做成了。

5 当时间到时，用篦式漏勺将鸡蛋移走并用刀在鸡蛋上切几刀。鸡蛋的蛋黄将呈流质状。依个人口味加入盐和黑胡椒调味，并与烤面包一起端上桌。

我是如何检验鸡蛋是否新鲜的

新鲜。 要检验一个鸡蛋是否新鲜，只要将鸡蛋轻轻地扔进一杯冷水中即可。如果鸡蛋非常新鲜，它就会平卧在玻璃杯的底部。

新鲜与不新鲜之间。 如果将鸡蛋放入水中后，鸡蛋一端翘起并半立在水中，那么鸡蛋虽然不是很新鲜，但却依然可以食用。

不新鲜。 如果鸡蛋垂直着迅速浮出水面，这意味着鸡蛋不新鲜，应该马上丢掉。

炒鸡蛋

这是我周日晚上的晚餐。为了使鸡蛋的口感变得似奶油般柔滑，尽可能慢地做鸡蛋。在特殊的场合下，将牛奶替换为一次分离的稀奶油，并在鸡蛋里加入200克切成薄片的熏制鲑鱼。

原料

4人份

15克黄油

8个大鸡蛋

盐和现磨的黑胡椒

4汤匙牛奶

每份含

卡路里：238

饱和脂肪：6.5克

不饱和脂肪：12.5克

钠：227毫克

烹饪方法

1 将黄油放在直径为20厘米的不粘锅（如奶锅、炒锅等）里，用小火加热。如果锅不是不粘锅，鸡蛋有可能会粘锅，锅底也可能燃烧。

2 同时，将鸡蛋打碎，放在一个碗里，加入盐和黑胡椒调味，并用搅拌器或叉子搅拌。加入牛奶，然后再搅拌，直至鸡蛋和牛奶充分混合。

3 当锅里的黄油融化时，倒入鸡蛋和牛奶的混合物并用特别小的小火煮3分钟左右，不停地搅拌。

4 当鸡蛋快煮好时，将锅从火上移开，再多搅拌1分钟，然后将黑胡椒粉撒在做好的鸡蛋上并马上端上桌。不要炒过头——炒鸡蛋应当似奶油般柔滑，而不是油乎乎地凝成一团。

变式：细香葱炒鸡蛋。将1汤匙切碎的新鲜细香葱加入第2步的炒鸡蛋混合物中。

如何才能让炒鸡蛋似丝绸般光滑

1 轻轻地快速移动搅拌器或叉子直到调好味的鸡蛋和牛奶充分混合在一起。

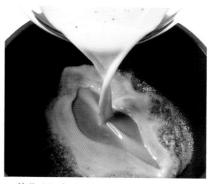

2 等黄油起泡后再加入鸡蛋。始终保持用小火加热，注意观察并不断搅拌。

3 如果鸡蛋很快就炒好了，需要将锅从火上移开，搅拌，然后再将锅放回原处。如此可保持鸡蛋多汁。

玛丽的成功秘方

蛋类

1 在买鸡蛋的时候，仔细检查，确保鸡蛋新鲜，不要买那些蛋壳破裂的鸡蛋。

2 我将鸡蛋冷藏在冰箱中，这样它们储存的时间能长一点。我将鸡蛋放在纸盒箱里，使其远离有刺激性气味的食物，这样鸡蛋就不会通过蛋壳来吸收各种味道。

3 最好将鸡蛋头小的一端朝下储存起来。这样会确保蛋黄仍在蛋白的中间，更长时间地保持鸡蛋的新鲜。

4 尽量使用在保质期之内的鸡蛋。从安全的角度来说，这十分重要。而且，不新鲜的鸡蛋蛋黄扁平，蛋白无味，这会破坏鸡蛋的质地和口感。

5 若要搅拌蛋白，提前几小时将鸡蛋从冰箱里取出，使其恢复到室温——用这种方式，您会得到更多的蛋白。

经典法式煎蛋饼，70~73页

6　若想做溏心煮蛋或硬心煮蛋，请用室温状态下的鸡蛋，因为这样的鸡蛋不易破裂。

7　贴有"不列颠之狮"标志的鸡蛋，表明鸡已接种了抗沙门氏菌的疫苗。

意式香草烘蛋，见82~83页

终极溏心蛋，见74~75页

8　当做蛋奶冻或将鸡蛋加入酱汁中时，最好先将一点热的液体倒入打好的鸡蛋中搅拌；当鸡蛋被加到更热的液体里时，这会防止鸡蛋凝结。

9　我将剩下的蛋黄或蛋白冷冻起来，在蛋黄中加入一点盐或糖，这取决于我将用它们做什么。没有必要在蛋白里加入任何东西。只是别忘了给容器贴标签。

10　为了防止沙门氏菌中毒，在做生蛋之后仔细洗手。不要将生蛋、溏心蛋或未煮熟的鸡蛋给婴儿、小孩、体弱多病者和老年人食用。

班尼迪克蛋，见80~81页

班尼迪克蛋

　　这是一道非常经典的菜，是特殊早餐或非正式午餐的理想选择——如果想换换花样，或要适应素食者的口味，可以将鸡蛋放在一层萎蔫的涂了黄油的菠菜叶上并端上桌。做荷兰酱时不要让它太烫，否则，它会变得很稠。

原料

4人份

2个松饼，切半
4个鸡蛋
黄油，用以涂抹
4个切成片的优质火腿

制作荷兰酱所需的原料

2茶匙柠檬汁
2茶匙白葡萄酒醋
2个大蛋黄（室温）
125克不加盐的黄油，融化
盐和现磨的黑胡椒

每份含

卡路里：468
饱和脂肪：20克
不饱和脂肪：18克
钠：685毫克

烹饪方法

1 首先，按如下所示的方法制作荷兰酱。只将明显融化的黄油加入酱汁中，并丢掉锅底的乳状液体。为酱汁调味并保持酱汁的温度。

2 在一个滚烫的烤架下烘烤松饼的切面，并保持松饼的温度。按如下所示的方法煮荷包蛋。

3 给被切为两半的松饼涂上黄油并将其放在温热的盘子上。在每半个松饼上都放一片切好的火腿，然后再放一个煮好的荷包蛋。在每半个松饼的顶部浇上一匙荷兰酱。

如何煮出完美的荷包蛋

1 将鸡蛋敲碎，放在一个小盘子中，然后将其轻轻滑入正用文火煮的盐水中。将火调至小火。每次仅煮1个或2个鸡蛋。

2 沿着锅的边缘搅拌水，使鸡蛋形状优雅匀称。用文火慢煮约3分钟，直至蛋白变得不再透明为止。用笊式漏勺捞出鸡蛋并沥干。

制作香醇、像奶油般柔滑的荷兰酱

1 将柠檬汁和白葡萄酒醋放入中等大小的耐高温的碗中。倒入蛋黄并用打蛋器搅拌，直到蛋黄颜色变浅并起泡为止。

2 将碗放在装有沸水的锅中。继续搅拌2分钟或直到混合物变得足够浓稠为止；当举起打蛋器时，混合物会留下一道痕迹。

3 将碗从沸水中移开并慢慢地倒入融化了的黄油，每次只倒一点，不停地搅拌，直到酱汁变得浓稠、有光泽、光滑细腻为止。

意式香草烘蛋

意式烘蛋是一种烤煎蛋。注意不要烤得太久，否则它将变得很硬。如果您没有煎蛋锅，也可以用一个直径为23厘米的圆形耐火、耐热的盘子来代替。

原料

4人份

8个大鸡蛋
150毫升一次分离的稀奶油
50克切达干酪，磨碎
25克帕玛森奶酪，磨碎
1汤匙切碎的新鲜欧芹
1汤匙被剪碎的新鲜细香葱
盐和现磨的黑胡椒
2汤匙橄榄油

每份含

卡路里：400
饱和脂肪：13克
不饱和脂肪：19克
钠：339毫克

烹饪方法

1 将烤箱预热到180℃。将鸡蛋和稀奶油、切达干酪、帕玛森奶酪、欧芹、细香葱、盐、黑胡椒放在一个大碗中搅拌。

2 将一个直径为23厘米、不粘食物而且还适用于烤箱的煎蛋锅置于中火上，给锅中的油加热，直到油热了为止。倒入鸡蛋混合物并轻摇锅身，让各种原料均匀受热。

3 将锅转移到烤箱中，烘焙20分钟，或直到煎蛋饼的中间部分刚好烘熟为止。

4 将一个温热的盘子倒扣在锅上，将两者一起翻扣过来，这样，煎蛋饼便倒置在盘中。既可趁热端上桌，亦可待其放凉以后再端上桌。

变式：被太阳晒红的番茄和罗勒意式烘蛋。将欧芹和细香葱替换为50克被太阳晒红的番茄和1汤匙切碎的罗勒叶。

意式烘蛋的做法

意式烘蛋风格各异。它们既可以作为热菜，也可以作为冷菜被端上餐桌，既可以与沙拉一起作为一道简单的主菜，也可以被切成较小的块，和饮料一起上来供大家享用。这里介绍的是素食者的选择，但它们也可以含肉，如火腿或熟香肠等。它们是消灭残羹剩菜的一个很好的方式。

将欧芹切碎

对于香味浓烈的香草来说，如欧芹、百里香和迷迭香等，将它们的叶子从茎上摘下。用手扶住刀尖，并通过上下晃动刀片的方式将菜板上的叶子切碎。

将细香葱剪碎

由于细香葱的茎是空的，因此，与用刀将葱茎切碎相比，用厨房剪将葱茎剪断更容易些。拿一小束细香葱放在碗上并将其细细剪碎。

我常常将一箱鸡蛋放在冰箱中，也常常单独用鸡蛋做一顿美味的便餐，鸡蛋被用在各种各样的食谱中，用以使食材变得更浓稠、更丰富、色泽更鲜艳、更光滑并更好地将食物粘连在一起。

鸡蛋蛋黄酱配香草

这是经典食谱的低脂肪版，很适合作为第一道菜，也可作为午餐时享用的夏日沙拉——在午餐旁摆放一份绿色的沙拉，别有情调。您可以提前3个小时准备酱汁并把酱汁放在冰箱里冷藏。

原料

4人份

6个大鸡蛋
60~70克芝麻菜菜叶
1~2汤匙法式调味汁（见236页）

制作酱汁所需的原料

100毫升低脂肪鲜奶油或低脂肪的原味酸奶
100毫升清淡的蛋黄酱
1汤匙柠檬汁
半茶匙细白砂糖
细细切碎的新鲜欧芹、薄荷、罗勒和龙蒿各
1汤匙
盐和现磨的黑胡椒

每份含

卡路里：364
饱和脂肪：5克
不饱和脂肪：24克
钠：643毫克

烹饪方法

1 制作酱汁：将所有做酱汁的原料都混合在一起，然后品尝并检查味道如何。盖上盖并冷藏。

2 按如下所示的方法把蛋煮成硬心蛋，剥去蛋壳并将鸡蛋放凉，然后沥干水分并放干。煮鸡蛋不要超过10分钟，否则在蛋黄周围会形成一个墨绿色的环形。

3 将煮好的鸡蛋放在菜板上并用一把锋利的刀将鸡蛋纵切为两半。其他的鸡蛋也如此处理。

4 在上菜前，将芝麻菜的菜叶放在将要上菜的盘子上并用匙舀取法式调味汁均匀地涂在芝麻菜的菜叶上。

5 将对半切开的鸡蛋摆好，将鸡蛋切面朝上呈苜蓿叶形摆在芝麻菜上。用匙舀取酱汁涂在鸡蛋上。每人3个半份鸡蛋。

变式：咖喱鸡蛋。 省去香草，加入2汤匙芒果酸辣酱和1汤匙咖喱粉。

煮鸡蛋

尽管我们讨论的是如何煮鸡蛋，可事实上，鸡蛋是用文火炖的而不是煮的。这既适用于溏心蛋（蛋白是熟的，而蛋黄却仍没熟透，呈流质状），也适用于硬心蛋（蛋白和蛋黄都是熟的）。待水开后，转小火，这样就可以用文火慢慢炖了。

煮成硬心蛋并剥去蛋壳

1 按照溏心蛋的做法去做（见74页），再用文火煮10分钟。用篦式漏勺将鸡蛋捞出并将其投到一碗冷水中，不再煮。

2 待鸡蛋放凉到能用手拿时，敲碎并剥去蛋壳。蛋黄和蛋白已被煮熟。将鸡蛋放入冷水中5分钟，直到鸡蛋变凉。沥干水分并放干。

洛林乳蛋饼

经典的法式乳蛋饼是午餐或晚餐的绝好配菜，最好趁热吃或在乳蛋饼还温热的时候吃。先将面饼在不加馅的情况下进行"盲眼烘焙"，确保面饼被彻底热透，这样它的底部就不会变得湿乎乎的。

原料

8人份

175克培根，去皮，切成条状
1个洋葱，去皮并切碎
125克格鲁耶尔奶酪，磨碎
2个大鸡蛋
250毫升一次分离的稀奶油
盐和现磨的黑胡椒

制作面团所需的原料

175克普通面粉，外加额外的面粉用以涂撒
85克硬块人造黄油或冷冻黄油，切成立方体

每份含

卡路里：371
饱和脂肪：13克
不饱和脂肪：12.5克
钠：506毫克

烹饪方法

1 制作面团：将面粉倒入一个大的搅拌碗中。加入人造黄油或冷冻黄油，并用指尖轻轻揉搓，直到混合物看上去像优质面包屑（见272页）。加入3汤匙凉水，直到面团被和成面球为止。

2 将生面团放到洒了少许面粉的操作台上擀平，并将其铺在直径为20厘米的活底馅饼烤模上（见254~255页）。最好用有凹槽的烤模。

3 在冰箱里冷藏30分钟。同时，将烤箱预热到220℃。将面皮进行盲眼烘焙（见274页）。

4 将烤箱的温度调至180℃。按如下所示的方法用中火将煎锅里的培根炸10分钟，直到培根变脆为止。用笊式漏勺将炸好的培根转移到冷藏过的面皮上，将炸肉剩下的肉汁留在锅中。

5 将洋葱放入锅中并用中火加热8分钟或直至洋葱变成金黄色为止。加入乳蛋饼并在上面放上奶酪。

6 将鸡蛋、奶油、盐和黑胡椒混放在碗中，然后倒入乳蛋饼。烘焙25~30分钟，直至混合物变成金黄色，刚刚熟为止。注意不要将乳蛋饼烘焙过久，否则馅会变硬，而且乳蛋饼也会变得千疮百孔。

如何用比较健康的方式煎培根

1 去掉肉皮。将培根片放在案板上堆成一摞并横切为5毫米的条形。

2 将培根放在煎锅（不加油或黄油）里炸，不时地搅拌一下，直到肉变成浅棕色为止。

3 用笊式漏勺将培根捞出。用厨房纸吸收掉多余的油，控干。将肉汁留在锅里。

鱼类

烤鲑鱼片

在带凸纹的铸铁炭烤锅的铁架上烤鲑鱼片是一种快捷有趣的做法。用这种方式做出的食物不但鲜美多汁、香气扑鼻，而且还低脂肪。为了达到完美的效果，准确定时非常重要，因此如果您有定时器的话，最好用一个定时器。这里给定的烹调时间适用于厚鱼片；如果您只能买到薄鱼片，每面烤2分钟左右即可。

 2人份　　 准备时间：10分钟　　 烹饪时间：约6分钟

原料
2块厚鲑鱼片，每块125~175克，带皮，修剪好并去掉髋骨
2~3汤匙葵花籽油
盐和现磨的黑胡椒

特殊设备
在炉盘上使用的带凸纹的铸铁炭烤锅

每份含
卡路里：342
饱和脂肪：5克
不饱和脂肪：19克
钠：61毫克

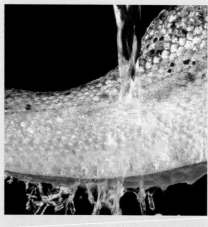

1 将鲑鱼洗净并拍干。将碳烤锅放在大火上预热10分钟左右。

2 同时，将油刷在鱼片两侧，然后在上面多撒些盐和黑胡椒。

成功关键
　　检查锅是否足够热，在上面洒一些水。水会"翩翩起舞"，然后迅速消失。

3 调至中火。将鱼肉有皮的一面朝上，放在锅上烤3分钟，然后翻面。

4 烤另一侧鱼肉。当鱼片的切边变得不再透明时，鲑鱼片便烤好了。

"在烤的过程中，将鲑鱼片固定放在一个地方，锅的凸纹会在鱼肉上留下吸引人的烧焦的图案。"

芝士焗土豆盖鱼饼

这种馅饼有很多可爱的味道，因此，在加盐调味前请务必品尝一下。由于熏制的黑线鳕会有点咸，因此您可能吃不了像往常那么多的鱼饼。如果您想将鱼饼冷冻起来，就不要加鸡蛋。与豌豆或其他绿色蔬菜一起端上桌。

原料

6人份

50克黄油，外加额外的黄油用于涂抹
4个大鸡蛋
1个洋葱，去皮并切碎
50克普通面粉
600毫升热牛奶
1汤匙切碎的新鲜莳萝
用半个柠檬榨的柠檬汁
350克熏制的天然色黑线鳕鱼片，去皮并切成2厘米见方的立方体
盐和现磨的黑胡椒
100克酿熟的切达干酪，磨碎

制作浇头所需的原料

1千克很面的土豆，如玛丽斯·派帕或爱德华国王等品牌的土豆，去皮并切成大块
大块黄油
大约6汤匙热牛奶
50克帕玛森干酪，磨碎

每份含

卡路里：561
饱和脂肪：14克
不饱和脂肪：12克
钠：1115毫克

烹饪方法

1 将烤箱预热到200℃。将黄油涂在容量为1.7~2升的烤盘上。

2 制作浇头：先在锅中加入凉的盐水，再将土豆放入锅中。煮沸并用文火炖15~20分钟，或煮到土豆变软为止。将土豆沥干，倒入黄油和牛奶，将土豆捣成土豆泥。加入盐和黑胡椒调味。拌入帕玛森干酪搅匀，将调好的混合物放在一旁备用。

3 将鸡蛋煮10分钟，煮成硬心蛋。沥干并去壳（见86页）。将每个鸡蛋切成4等份。

4 做馅：在一个大锅中将黄油融化，加入洋葱，炸几分钟。盖上锅盖，将火调小，用文火炖10分钟左右。打开锅盖，加入面粉搅拌，直至混合物充分混合，慢慢掺入牛奶。在中火上加热，搅拌至混合物变得浓稠光滑为止。

5 加入莳萝、柠檬汁和黑线鳕鱼片。加入盐和黑胡椒调味并将混合物搅拌几分钟。将锅从火上移开，加入切达干酪，把被切成四瓣的鸡蛋加进去搅匀，将混合物倒入烤盘中。将芝士土豆泥盖在鱼饼上。

6 在烤箱里烘焙30~40分钟，或直到烤盘周围的鱼饼开始冒泡，中间变得滚热为止。

用热牛奶

在做白色的汤汁或将牛奶加入土豆泥中时，最好用热牛奶。在中火上炖，让牛奶稍微有点沸腾。

炸切碎的洋葱

将大锅置于中火上，给锅中的黄油加热。加入洋葱并用一把木勺搅拌，确保洋葱上沾满了黄油，不会粘锅。

沾满香草的黑线鳕

　　这是家庭晚宴上的一道佳肴。有时，我用鲑鱼片来替代黑线鳕鱼片。您可以提前几个小时将面包屑沾在鱼肉上，然后将裹了一层面包屑的鱼肉放在冰箱里，待煎鱼肉的时候再拿出来。和绿色蔬菜一起端上桌。

原料

4人份

75克白色面包屑
6小枝新鲜欧芹
10小枝新鲜莳萝
1个柠檬的柠檬皮，磨碎
2汤匙普通面粉
1个搅打过的大鸡蛋
4片新鲜的未熏制的黑线鳕鱼片，每片重
125~175克，去皮
盐和现磨的黑胡椒
2汤匙橄榄油
楔形柠檬块，备用

每份含

卡路里：348
饱和脂肪：2克
不饱和脂肪：8克
钠：286毫克

烹饪方法

1　像下图所示的那样用食品加工器做面包屑，最好是用放了一两天的切成薄片的面包。如果面包太过新鲜，将粘成一团，而不能形成面包屑。

2　将欧芹枝、莳萝枝和柠檬皮与食品加工器中的面包屑相混合，有节奏地拍打所有原料，直到它们变为纹理细致的面包屑为止。

3　将2个盘子摆放在操作台上：将面铺在其中的一个盘子上，并将面包屑混合物铺在另一个盘子上。在两个盘子中间放一个碗，碗里装着搅打过的鸡蛋。

4　依次准备好黑线鳕鱼片：撒上盐和黑胡椒，然后裹上面粉并抖掉多余的面粉。将每片鱼肉在搅打过的鸡蛋里蘸一下，然后轻轻地裹上面包屑和香草的混合物。

5　将一个大的不粘食物的炒锅中的油加热。将鱼肉放在锅中，每面在中火上热3分钟，或直到鱼肉变成金棕色并非常酥脆为止，趁热与楔形柠檬块一起端上桌。柠檬块是用来挤水的。

干面包屑

　　干面包屑是用不含水分的烤面包或烘焙过的面包做成的，干面包屑比新鲜面包屑的口感更酥脆。先用如图所示的方法做新鲜的面包屑，然后将它们铺在烤盘表面并将烤箱调到150℃，将其烘焙20分钟左右，或直到面包屑变为金黄色为止。也可以先将面包片放在烤箱里烘干，然后再将其加工成面包屑。

我是如何做新鲜的白色面包屑的

1　由于用纯白的面包屑来裹食物很养眼，选用放了一天的白面包，将面包皮切掉。3~4片面包片能做大约75克面包屑。

2　将面包撕成大片并将大的面包块放到带有金属刀片的食品加工器中。加工几秒钟，直到面包变成细细的面包屑为止。

黄瓜烤鳟鱼

我非常喜欢这个食谱中配鳟鱼的黄瓜的新鲜口感。由于黄瓜很快便可做熟，因此，当心不要将黄瓜过度烹调——它应仍有点嚼头才行。您可以用同样的方法烤许多其他种类的鱼，如海鲈鱼和鲭鱼等。

原料

4人份

1.5根黄瓜，去皮
40克黄油
2汤匙切碎的新鲜莳萝
用1个柠檬榨的柠檬汁
盐和现磨的黑胡椒
4条鳟鱼，每条重375~425克，去骨
几小枝莳萝，做装饰

每份含

卡路里：385
饱和脂肪：7克
不饱和脂肪：9克
钠：221毫克

鳟鱼的益处

鳟鱼是一种油性鱼，这意味着它富含Ω-3脂肪酸及其他维生素和营养元素。鳟鱼健康美味，有多种功效。除了可以在烤架上烤鳟鱼外，您还可以把它放在平底锅里煎、放在烤箱里烘焙、烤炙或在户外烧烤。鳟鱼有很多种做法，既可以整条入菜，也可以切成鱼片后再入菜。

烹饪方法

1 将黄瓜纵向对切，像下图所示的那样挖出籽，然后将黄瓜横切，切成不超过5毫米厚的薄片。

2 将一半的黄油在锅中融化，加入黄瓜，在小火上加热2分钟，然后将锅从火上移开并加入切碎的莳萝、柠檬汁、盐和黑胡椒。搅拌均匀。

3 将烤架调至最高挡，预热5分钟。移动烤锅的烤架并将铝箔铺在烤锅的烤盘上。

4 给鳟鱼内外都加上调料，然后将剩余的黄油涂在鱼皮上。将鳟鱼放在烤锅的烤盘上。

5 将烤架调至中高挡并在烤架上烤鱼肉，离火大约10厘米。4~7分钟以后，将烤锅的烤盘从火上移开。小心地将鳟鱼翻面，并在鳟鱼周围撒上黄瓜和莳萝的混合物。

6 将烤锅的烤盘滑回烤架下，接着烤鳟鱼的另一面，烤4~7分钟，或烤到在用叉子检验鱼肉是否烤好时，鱼肉很容易便剥落为止。将烤好的鳟鱼和黄瓜一起端上桌并用莳萝枝做点缀。

给黄瓜去籽

将已去皮的黄瓜纵向对切，然后用一个茶匙沿内侧从上往下刮，挖出黄瓜籽，将黄瓜籽扔掉。

将莳萝切碎

剥去莳萝茎上羽状的叶子，将叶子堆在菜板上并细细地将它们切碎。留几枝完整的莳萝枝做装饰。

海鲜串

这些海鲜串在一年的任何时候都是美味的佳品，但在夏天将它们在户外烤着吃的味道尤为鲜美。在海鲜串上面刷好调味汁，并留心观察，因为它们很快就会被烤熟。您将需要8根木质串肉扦，每人两串海鲜串。

原料

4人份

500克鮟鱇鱼鱼片，或其他白色硬鱼片，如菱鲆或大比目鱼等，去皮

8只虎虾，去壳并去掉虾背上的黑线

4个小胡瓜，修剪好，每个小胡瓜都被切成4份

16个圣女果

制作腌汁所需的原料

6汤匙橄榄油

1汤匙香醋

3汤匙切碎的新鲜龙蒿或罗勒

2大瓣蒜，去皮并碾碎

盐和现磨的黑胡椒

每份含

卡路里：341

饱和脂肪：3克

不饱和脂肪：15克

钠：183毫克

烹饪方法

1 首先，制作腌汁：将所有原料放在一个非金属大碗中，并充分搅拌使之混合。

2 如果鱼贩没有将鮟鱇鱼中央的鱼骨取出，就要按如下所示的方法自行将中央的鱼骨取出，并将鱼片切成16块等大的鱼块。将鱼肉放在腌汁中，加入虎虾并使它们混合在一起。盖上盖并冷冻6个小时。

3 将铝箔铺在烤锅上。在烧烤前，将烤架调到最高挡预热5分钟。

4 将鱼肉和虎虾从腌汁中取出（保留腌汁）。在每个串肉扦上穿上2块鱼块、1块虎虾、2块小胡瓜和2个圣女果，一共有8个串肉扦需要穿。将串好的串肉扦放在烤锅的烤架上，并刷上腌汁。将烤锅的温度调至中高挡。

5 将海鲜串在离火10厘米处烤10分钟左右，将它们翻两次面并刷上腌汁。检查鱼肉中间是否变得不透明了。

6 将鱼肉和蔬菜都穿在串肉扦上并放在大浅盘子里，再端上桌，或者将烤好的食物撸下来并放在单独的小盘子里再端上桌。

使用木质串肉扦

比起金属串肉扦，我更喜欢木质串肉扦，因为金属串肉扦在烤架下会变得十分烫手。如果您使用的是木质串肉扦，在食用前请将它们在温水里至少浸泡6个小时，这样它们就不会在烤串的过程中燃烧。

如何修剪鮟鱇鱼并将其切成片

1 将鮟鱇鱼的鱼尾放在鱼腹上。用一把锋利的切片刀沿着脊骨一侧切鱼肉，划出长长的划痕。将鮟鱇鱼翻面，重复上述动作。

2 刀呈锐角紧紧地贴着鱼肉切入，将包裹鱼肉的灰棕色薄膜去掉，如果不去掉薄膜，鱼肉周围的薄膜将收缩，会使鱼肉变硬。

玛丽的成功秘方

鱼类

海鲜串，100~101页

1 在买鱼时，挑肉质坚实、湿润的，在等待时让鱼贩修剪好。还要检查鱼的味道。新鲜的鱼散发着清新的大海的气息。如果您闻到的是令人不快的"鱼腥味"或氨味，证明鱼不新鲜。

2 如果您买的是事先包装好的鱼，检查聚集在包装里的所有液体的颜色：如果是条白鱼的话，包装里液体的颜色不应该是浑浊的或是灰白色的。

3 尽量买来源可靠的鱼。找贴有MSC（海洋保护协会）环保标签的鱼，这种鱼来自可持续渔业。

烤箱烤鲑鱼配辣椒蛋黄酱，104~105页

4 如果您不清楚要买多少鱼：一整条重350~500克的鱼够一个人食用；要是买鱼片的话，每人需要125~175克的鱼片。

5 我建议您在准备鱼的时候向鱼贩咨询，如果您是一名新厨师就更需如此。去髋骨、去内脏、切片和刮鳞都牵涉大量工作，并需要专业知识。

6　鱼很快就会变质：您一将鱼买回家，就得赶紧打开包装，用湿厨房纸将鱼包好并储存在冰箱最冷的地方。油性鱼当天就得做；白鱼也不能超过24小时。

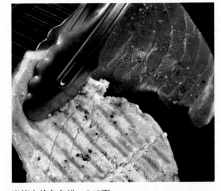

炭烤金枪鱼鱼排，246页

7　不要将鱼过度烹调。鱼很易熟，过度烹调会破坏鱼的质地和味道。按本书食谱教授的方法去做，您绝不会出错的。

8　最好买已经冻好的鱼而不是自己冷冻，因为鱼常常是还在海里的时候就已经被冻上了。然而，如果您有鱼需要冻，可以先将鱼洗净，再将其放在双层塑料冷冻袋中。

9　选用冷冻期在3个月之内的白鱼和冷冻期在两个月之内的油性鱼。鱼片可以不经解冻就直接做。

10　大块的鱼肉更好保存，因此，如果您要做鱼饼之类的菜，可以将鱼肉以一整块的形式保存，需要多少就切多少。

芝士焗土豆盖鱼饼，94~95页

烤箱烤鲑鱼配辣椒蛋黄酱

整条鲑鱼是自助餐中最令人印象深刻的核心菜。上菜时，将鱼肉切成片；当切完一面后，拿掉鱼骨，然后仔细地将鱼翻转过来并将另一面的鱼肉也切成片。

原料

10~12人份

橄榄油，用于刷涂

重约3千克的整条鲑鱼，洗净

1个柠檬，切片

4~5枝新鲜莳萝

盐和现磨的黑胡椒

6汤匙白葡萄酒

制作辣椒蛋黄酱所需的原料

300毫升蛋黄酱（见248页）

1茶匙细细磨碎的柠檬皮

1~2汤匙柠檬汁

3~4茶匙辣椒酱

做装饰用的原料

薄黄瓜片

薄小萝卜片

几小枝新鲜的莳萝

柠檬片

几小枝豆瓣菜

每份含

卡路里：765

饱和脂肪：9克

不饱和脂肪：46克

钠：323毫克

检验鱼肉是否烤透

要想检验鲑鱼是否烤透，猛拉鱼背上的中鳍，如果鲑鱼已经被烤透，它会很容易地脱落。还可以将刀尖插入鱼肉最丰满肥嫩的地方，再轻轻地将鱼肉拉出，检查中间的鱼肉看起来是否还是生的。

烹饪方法

1 将烤箱预热到150℃。将橄榄油涂在大片铝箔上，然后将鲑鱼放在铝箔上。将柠檬和莳萝放在模槽中，并加入盐和黑胡椒调味。将白葡萄酒倒在鱼上，然后将鱼周围的铝箔向上卷起，折叠起来将鱼封好。

2 将鲑鱼放在一个大的烤盘或浅的烤模（如果鱼太大装不进烤盘，您需要将鱼头拿走，如果鱼能装进烤盘，就保留鱼头）中。将鲑鱼放在烤箱里烤90~105分钟。

3 制作辣椒蛋黄酱：依个人口味将蛋黄酱与柠檬皮和足量的柠檬汁混合在一起。用匙将混合物舀进一个盘子中并将辣椒酱呈螺旋状拌入混合物中，这样混合物给人以微波荡漾的感觉。准备食用前先冷藏起来。

4 当鲑鱼做好后，将其放在一旁冷却1小时左右，仍用铝箔包裹。如果鱼鳍和鱼头还在，就将它们去掉。

5 仔细地将鱼肉滑到一个大浅盘中。按如下所示的方法去皮并刮掉鱼肉上的棕色物质，然后将鱼翻面并在另一侧也重复上面的操作。

6 在鱼肉上点缀黄瓜片和小萝卜片做装饰，撒上莳萝枝。在鱼肉周围的盘子上摆一些柠檬片和几株豆瓣菜枝。和辣椒鸡蛋酱一起端上桌。

去皮并准备好鲑鱼备用

1 用一把锋利的小刀将鱼皮从鱼身上剥去，用刀轻轻地拽掉鱼皮。　　2 轻轻刮去从顶端到两侧鱼肉上薄薄的一层棕色物质，仅留下粉红色的鱼肉。

鳎目鱼鱼片配奶油香蒜酱

这是一道在特殊场合下做的鱼肉大餐。虽然鱼贩应该替您去除鳎目鱼的鱼骨和鱼皮，但知道如何亲自收拾鳎目鱼也是很有用的；这是因为同样的方法适用于所有的鳎目鱼。将鱼片放在一层涂有黄油的菠菜叶上并端上桌。

原料

4人份
60克普通面粉
盐和现磨的黑胡椒
2条小柠檬鳎，每条柠檬鳎切成4片并去皮
30克黄油

制作酱汁所需的原料
300毫升高脂厚奶油
用半个柠檬榨的柠檬汁
3汤匙新鲜的罗勒香蒜沙司（见38页）
100克被太阳晒红的番茄，细细切碎
2茶匙切碎的新鲜罗勒，做装饰

每份含
卡路里：735
饱和脂肪：30克
不饱和脂肪：27克
钠：402毫克

烹饪方法

1 将面撒在一个盘子中并加入盐和黑胡椒调味。将8片鱼片蘸入加了调料的面粉中并抖落掉多余的面粉。

2 在一个大炒锅中将黄油融化。当黄油冒泡时，加入鱼片，将鱼片的每一面都煎两分钟，或煎到鱼肉变得不透明并很容易剥落为止。将煎好的鱼肉转移到温热的盘子中备用，保持鱼肉是温热的。

3 制作酱汁：将锅置于中火上，将奶油、柠檬汁和罗勒香蒜沙司放在锅中加热，直到混合物变热，然后加入被太阳晒红的番茄，热透并加入盐和黑胡椒调味。将酱汁倒在盘中鳎目鱼的顶部，并撒上罗勒。

将鳎目鱼切成片和给鳎目鱼去皮最简便的方法

1 在鱼周边缘处及鱼头和鱼尾与鱼身的相连处浅浅地切一刀。然后在中间从上往下切，一直切到鱼骨。

2 在鱼头处将刀插在鱼肉和鱼骨之间，刀顺着鱼肉走，使鱼肉和鱼骨分离，片下鱼片。在反方向重复上述操作。

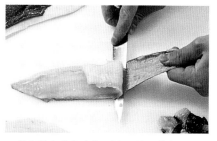

3 将鱼翻过来，像之前那样以同样的方式片下两片鱼肉。检查鱼片上是否还有零散的鱼骨，用镊子将鱼骨夹出。

4 将每片鱼片鱼皮朝下放置并用蘸有盐的手指拽住鱼尾，给手指蘸盐是为了牢牢地抓住鱼尾。以一定的角度握刀，将鱼肉从鱼皮上片下。

鱼饼

我很喜欢用黄油来煎鱼饼，因为我喜欢这种味道。如果您喜欢清淡一点的口味，可以将鱼饼放在有横格线的烤盘上烘焙。同样的混合物可被做成更小的鱼饼，作为第一道菜，与蛋黄酱蘸料一起端上桌。

原料

4人份

15克黄油，外加额外的黄油用以涂抹

200克熏制的天然色黑线鳕鱼片，去皮

盐和现磨的黑胡椒

300克很面的土豆，例如玛丽斯·派帕或爱德华国王等品牌的土豆，去皮并切成大块

2汤匙切碎的新鲜欧芹

2汤匙剪碎的新鲜细香葱

半茶匙细细磨碎的柠檬皮

2汤匙蛋黄酱（见248页）

1/4茶匙第戎芥末酱

2茶匙沥干的切碎的刺山柑

1个搅打过的鸡蛋

75克新鲜的白色面包屑（见96页）

2汤匙植物油

楔形柠檬块，备用

每份含

卡路里：36

饱和脂肪：4.5克

不饱和脂肪：13.5克

钠：727毫克

烹饪方法

1 将烤箱预热到200℃。将少量黄油涂在一大片铝箔上。将黑线鳕鱼片放在铝箔上，加入黑胡椒调味，然后用铝箔包裹起来。

2 将用铝箔包裹起来的鱼放在烤盘中烤15分钟，直到烤熟，鱼肉变成不透明的为止。将烤好的鱼片放在一旁冷却。

3 将土豆放在煮沸的盐水里煮10~12分钟，直到土豆变软为止。沥干水分后将土豆移回锅中捣碎。倒入一个碗中。

4 将欧芹、细香葱、柠檬皮、蛋黄酱、芥末酱和刺山柑放入被捣成泥的土豆中搅拌，并加入盐和黑胡椒调味。将鱼撕成大片，拌入土豆泥中轻轻搅匀，不要将鱼片搅得太碎。

5 将混合物分为4等份，按如下所示的方法将其做成鱼饼形状。在搅打过的鸡蛋中，将每个鱼饼的两面都蘸一下，这样整个鱼饼就都沾满了蛋液，然后将鱼饼裹上面包屑。轻拍鱼饼以重新造型。冷冻约30分钟。

6 在不粘食物的煎锅中用油将黄油融化。用中火将鱼饼的每个面都煎4~5分钟。与楔形柠檬块一起端上桌。

制作酥脆可口的金黄色鱼饼

1 将混合物做成扁饼的形状，饼的厚度约2.5厘米。您可以在手中操作，也可以在一个操作台上操作。如果鱼饼粘手或粘操作台，可以在其表面撒上面粉。

2 煎沾满面包屑的鱼饼，直至鱼饼变为淡淡的金黄色。当一面煎好后，用煎鱼锅铲仔细地将鱼饼翻过来，煎另一面。

禽类与野味

大师食谱：

香草黄油烤鸡肉

这是最简单也是最受欢迎的烤肉。在做鸡肉时使用的香草黄油被调到肉汁中，使鸡肉美味香醇、口味丰富。您既可以将鸡放在一个大的浅盘子中，也可以在吃饭时将整只鸡切开。如果您喜欢，还可以在厨房里将鸡肉切开并将切好的鸡肉片摆在温热的盘子里。

 4人份　　　　 准备时间：25分钟　　　　 烹饪时间：1.5小时，外加5分钟调肉汁的时间

原料

1.5~1.8千克鸡肉
1个洋葱，去皮并纵切成鸡肉片
1个柠檬，切成6块楔形柠檬块

制作香草黄油所需的原料

85克黄油（室温）
3汤匙细细切碎的新鲜欧芹
1汤匙细细剪碎的细香葱或细细切碎的青葱
1茶匙细细切碎的新鲜龙蒿或百里香叶
1茶匙柠檬汁
盐和现磨的黑胡椒

制作酱汁所需的原料

2茶匙普通面粉
300毫升鸡肉高汤（见126页）
4汤匙白葡萄酒或红葡萄酒（可选）

特殊设备

1个装鸡肉、洋葱和楔形柠檬块的大烤盘

每份含

卡路里：662
饱和脂肪：20克
不饱和脂肪：26克
钠：390毫克

厨师笔记

买一只美味的鸡

买一只肉质非常好的鸡是很值得的；散养的鸡味道常常是最好的。

提前准备

如果您喜欢，可以提前准备好鸡并将香草黄油涂在鸡上。用铝箔裹住鸡，并放在冰箱里冷冻8~12小时，直至您需要它。在用烤箱烤之前将它静置在室温中大约30分钟。

为冻鸡解冻

将冻鸡彻底解冻，否则它将不能被热透。刺穿包装，然后将鸡立在厨房纸上，并放在一个容器里。将其在凉爽的地方放上一晚（在冰箱中，这将耗时36小时），直到腹腔中再也没有冰晶残留为止。

鸡的内脏

如果鸡肚子里面有内脏，在准备烤鸡之前先将内脏取出。您可以用它们做美味的高汤（见138页）。

制作香草黄油

 准备时间：10分钟

1 将黄油放在一个碗中并用木勺搅打，使黄油变软。加入切碎的香草、青葱（如果用的话）、柠檬汁、盐和黑胡椒。

2 将所有原料放在一起搅拌，然后用力搅打，直到它们混合均匀。将烤箱预热到200℃。

准备烤鸡肉

准备时间：15分钟

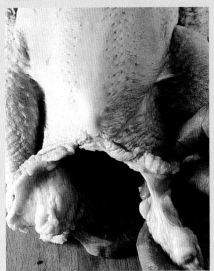

成功关键

要想让鸡皮酥脆可口，它必须完全干爽。如果鸡被冻过，这样做就是特别重要的，因为鸡在解冻之后常常特别湿。

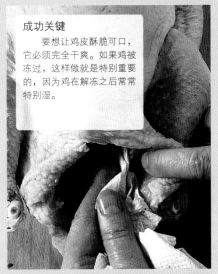

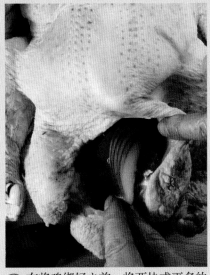

1 用手指扯下鸡尾部腔洞两侧多余的白色脂肪。扔掉不要的脂肪。

2 用厨房纸擦净鸡腹腔的内壁，然后再用一张新的厨房纸擦鸡皮。这样做可以确保鸡的里里外外都是干爽的。

3 在将鸡绑好之前，将两块或更多的楔形洋葱块放入鸡的腹腔，这将使这道菜别有一番风味。

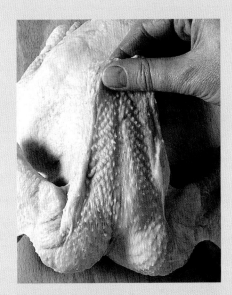

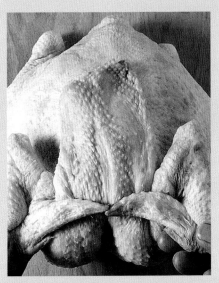

成功关键

用细绳将鸡绑（捆扎）起来，这会使鸡的各部分被捆在一起并将填料固定住。

4 将鸡胸脯朝下放置并将鸡脖处的鸡皮拉过来盖在颈腔上。如果您喜欢，用剪刀剪掉多余的鸡皮，使鸡看起来更整洁。

5 将鸡翅拧过来，这样，鸡翅尖便高高盖住鸡皮并缚住鸡皮。将鸡胸脯朝上放置并用细绳将鸡腿绑起来。

6 将鸡胸脯朝上放在烤盘中，周围放上剩下的洋葱和楔形柠檬块。将鸡的全身涂上大量香草和黄油。

大师食谱/Master Recipe

烤鸡并给烤鸡浇汁

🕐 烹饪时间：75~90分钟，外加15分钟将鸡静置的时间

成功关键
如果在烤的过程中发现鸡胸脯部分变成了深棕色，就用铝箔"帐篷"将鸡包裹起来。

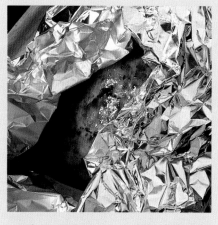

1 将鸡放在预热过的烤箱中烤20分钟左右，或直到鸡变成棕色为止，然后，用黄油烹调汁给整只鸡浇汁，再将浇好汁的鸡放回到烤箱中。

2 将鸡继续烤55~70分钟，或烤到当用一把锋利的刀刺进鸡身和鸡腿间的鸡肉时，流出来的肉汁特别清澈为止。

3 在烤鸡时，用一大张铝箔将鸡包好，然后在切鸡肉（见128~129页）之前将它静置15分钟。从烤盘中拿走洋葱和柠檬。制作肉汁。

制作肉汁

🕐 烹饪时间：5分钟

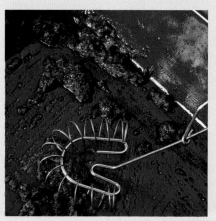

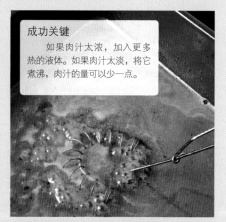

成功关键
如果肉汁太浓，加入更多热的液体。如果肉汁太淡，将它煮沸，肉汁的量可以少一点。

1 将烤盘倾斜，这样肉汁就聚在一角，然后用匙撇去大部分脂肪（差不多为1.5汤匙）并扔掉。保留黑色的肉汁，并用木勺刮去烤盘底部和侧面被焦糖化的部分；它们将会使鸡肉的口味更佳。

2 将烤盘直接放在炉盘上，调至中火，并将面粉撒在烤盘里的肉汁上。用线圈形搅拌器或打蛋器，以快速的圆周运动的形式搅拌2~3分钟左右，直到面粉变为浅棕色并成糊状为止。

3 倒入滚热的鸡肉高汤并将其煮沸，一直搅拌。如果要用葡萄酒，就加入葡萄酒，搅拌使其混合。用文火炖2分钟，然后检查味道如何。将做好的肉汁倒入温热的船形肉汁盘或肉汁壶中，并立即端上桌。

"烤鸡肉鲜美多汁且味道香浓，是家人的最爱。我在享用烤鸡时常配以新鲜的蔬菜、烤土豆和面包酱。"

爆香姜鸡

爆香的艺术是指在锅里放少量的热油，快速炒切碎的原料。要想爆香成功，您需要将锅下的火调得特别热并不时地颠锅。爆香是最快、最健康的烹饪方法之一。

原料

4人份

6棵青葱，修剪好
2.5厘米的新鲜根姜，去皮
4根胡萝卜，去皮
1个红辣椒，去芯并去籽
1个黄辣椒，去芯并去籽
350克去掉鸡皮和鸡骨的鸡胸肉
250克干的中等粗细的中式鸡蛋面
3汤匙葵花籽油
2汤匙中国米酒或没有甜味的雪利酒
4汤匙老抽
新鲜的香菜叶，做装饰

每份含

卡路里：545
饱和脂肪：4克
不饱和脂肪：15克
钠：1074毫克

烹饪方法

1 将青葱斜切成短段。将根姜切成火柴棍的形状。将胡萝卜和辣椒切成不超过5毫米厚、5厘米长的细条。逆着鸡肉的横纹，将鸡肉切成细条。按如下所示的方法浸泡并沥干面条，使面条软化。

2 将炒菜锅置于大火上热1~2分钟，直至锅变得滚烫。加入油并加热至油开始冒烟为止。将青葱和姜扔进热油中。用力四处搅动约1分钟，颠锅，让青葱和姜都挂上油。

3 将青葱和姜都推到一边。加入胡萝卜和辣椒并以同样的方法翻炒1~2分钟，然后将青葱和姜与胡萝卜和辣椒一起搅拌。

4 把青菜放在一旁备用，每次加一点鸡肉。待两面的鸡肉都发出轻微的嗞嗞声后，继续与其他原料一起颠炒1~2分钟。

5 倒入米酒或没有甜味的雪利酒，让其稍微冒泡。加入酱油，将鸡肉和蔬菜搅拌均匀。

6 将面条加入锅中并颠锅，使混合物混合均匀。尝尝味道如何，如果您喜欢的话，可以加入更多的酱油。用香菜叶做点缀并立即端上桌。

炒菜锅的使用方法

炒菜锅中的食物绝不能超过锅容量的三分之一，并且食物应该有足够的空间，能够接触到锅侧面很烫的部分。如果您没有炒菜锅和铲刀，就用一个大而深的不粘食物的深煎锅代替，并用两个木勺翻炒原料。可加一滴油来检验温度是否合适，当锅准备就绪时，油会发出嗞嗞声。

软化面条

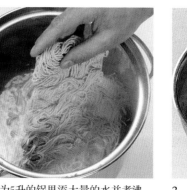

1 在容量为5升的锅里添入大量的水并煮沸。加入面条并搅拌，使面条分离。将锅从火上移开。

2 盖上锅盖，搁置6分钟。用滤器将面条彻底沥干。如果您喜欢的话，加入1~2茶匙芝麻油上下晃动面条。

意式帕玛森烤鸡

　　裹在鸡肉外面的奶油芝士使烤鸡浇头口感润泽，因此没有必要为这道菜再配酱汁。夏日里，用绿色沙拉和新土豆来配这道菜；冬日里，则可以选择各种时令鲜蔬来配这道菜。

原料

4人份

橄榄油，用以涂抹

4块去掉鸡皮和鸡骨的鸡胸肉，总重量约500克

盐和现磨的黑胡椒

125克全脂奶油芝士

30克被太阳晒红的番茄，切碎

1瓣蒜，去皮并碾碎

半个柠檬的柠檬皮，磨碎

25克新鲜的白色面包屑（见96页）

25克帕玛森干酪，磨碎

2汤匙剪碎的细香葱

1个红辣椒，去籽并切成8块楔形辣椒块

每份含

卡路里：387

饱和脂肪：11克

不饱和脂肪：12克

钠：284毫克

烹饪方法

1 将烤箱预热到200℃。按如下所示的方法将油涂在烤盘或烘焙浅盘上，并将鸡胸肉放在烤盘上。将少量油刷在每块鸡胸肉上，然后调味。

2 在一个小碗中，将奶油芝士和被太阳晒红的番茄、蒜、柠檬皮和黑胡椒混合在一起。放在一旁备用。

3 在另一个碗中，将面包屑和帕玛森干酪及细香葱混合在一起，然后调好味。

4 将四分之一奶油芝士的混合物涂在每块鸡胸肉上。将面包屑混合物撒在每块鸡胸肉上并将其轻轻地拍入奶油芝士中。

5 将楔形辣椒撒在鸡肉周围，上面刷油并用黑胡椒调味。

6 烘焙20分钟左右或直到楔形辣椒的边缘被烤焦、鸡肉被烤透、浇头被烤成金黄色为止。

给烤盘涂油

将一个小刷子蘸进油中，并用它来涂烤盘的表面。或者将一张厨房纸浸在油中。

切厚厚的楔形辣椒块

去掉辣椒茎和辣椒芯，纵向对切。刮掉白筋和辣椒籽，然后将半个辣椒切成四分之一块。

泰式绿咖喱鸡

　　尽管往咖喱中加面粉并不是传统做法，但我发现这有助于使酱汁更稳定，因为酱汁有时会凝结。如果您想要额外的热量，就留着红辣椒的籽。最后拌入蜜豆会保留蜜豆的色泽和味道。

原料

4人份

500~550克去掉鸡皮和鸡骨的鸡胸肉，切成
　细条
2汤匙泰式绿咖喱酱
2汤匙植物油
1个大洋葱，去皮并切成薄片
2茶匙普通面粉
一罐400毫升椰奶
100~150毫升鸡肉高汤（见126页）
1.5汤匙泰式鱼酱
2茶匙不是很甜的黑砂糖
1个绿色的泰国辣椒，去籽并切成细条
盐和现磨的黑胡椒
100克蜜豆，纵向对切
1/4茶匙细细磨碎的酸橙皮
2茶匙酸橙汁
一把切碎的新鲜香菜

每份含

卡路里：428
饱和脂肪：16克
不饱和脂肪：10克
钠：649毫克

烹饪方法

1 将鸡肉在1汤匙的咖喱酱中浸泡30分钟。同时，油置一口大煎锅中，给油加热，加入洋葱，用小火微煮，不时地搅拌约10分钟，直到洋葱变软但却没有变成棕色为止。将洋葱捞出，放在一旁备用。

2 将火调至大火，放入鸡肉翻炒3分钟，或直到鸡肉不再是粉红色为止。另加一汤匙咖喱酱和面粉搅匀，煮1分钟。

3 将火调小，将洋葱倒回锅中。拌入椰奶、100毫升高汤、鱼酱、糖和辣椒搅匀。调至文火，盖上锅盖慢炖10分钟左右，直到鸡肉变嫩，酱汁刚开始沸腾为止。如果您喜欢，可以用剩余的高汤将酱汁调淡。品尝味道如何，调味。

4 同时，在装满沸腾的盐水的锅里将蜜豆焯2~3分钟，或直到蜜豆变得又软又脆。沥干。

5 在上菜之前，将蜜豆倒入咖喱中搅匀，使其温热，然后加入酸橙皮、酸橙汁和大量香菜。和白色长粒米一起端上桌，长粒米的做法如下所示。

我是如何做松软的长粒米的

1　在量杯中量300毫升长粒米，将其倒入滤器中，彻底冲洗干净，直到滤出的水是清澈的为止。彻底沥干。将米放入大锅中并加入600毫升的冷水，装米的锅要带有一个密封性很好的锅盖。

2　加入1茶匙盐并煮沸。搅拌，调至小火并盖上锅盖。用文火慢炖12~15分钟，直到所有的水都被吸收掉。闭火。将锅盖盖上静置5分钟。用一把叉子将米翻松。

玛丽的成功秘方
禽类与野味

1　尽可能买有机、散养的鸡。挑那种闻起来味道鲜美、肌肉丰满、表皮润泽无瑕的。

2　保持禽类处于冷藏状态。您将禽类买回家后要马上拆掉包装纸并取出内脏（如果有的话），将其放在盘子中以收集滴落的油滴，再松松地包好并储存在冰箱中。要在保质期之前将其做熟。

香草黄油烤鸡肉，112~115页

3　为了防止沙门氏菌中毒，在处理生肉前后请彻底清洗操作台、炊具和手，不要让生禽肉和任何设备与煮熟的禽肉或肉接触。

4　尽管在烹饪前将大块鸡肉去皮能降低脂肪和卡路里的含量，但鸡皮确实能给鸡肉提味，使鸡肉更加鲜美多汁。一个很好的解决办法是先将鸡连皮烹饪，然后再将鸡皮撕掉，最后再端上桌。

5　要想让鸡皮酥脆可口，就必须确保其在烘烤前完全干燥。.

6　我将鸭子和鹅等肥胖的禽类放在烤架上，让脂肪排干并保持皮的酥脆。可以将小的禽类倒置着烹饪，等它们变成棕色后再将有胸脯的一面朝上，一直到做熟为止，确保它们全变成棕色。

7　在烹饪之前，冻过的禽类必须彻底解冻。打开包装，松松地包上新的包装纸，将其放置在冰箱的一个盘子中解冻。千万不要将生的鸟类重新冻起来。

传统烤野鸡，138~139页

8　要将家禽热透。要想检验家禽是否熟了，将一把刀插进家禽身体和腿之间的肉里，或插入肉最厚的部分；如果流出来的肉汁特别清澈，就说明肉熟透了。

鸡肉、韭葱和蘑菇馅饼，126~127页

9　尽管并不是一定要用到结实耐用的收拾家禽用的大剪刀，但这种剪刀能使剔家禽肉的工作更加轻松，同样，测定肉内层温度的温度计也可以使人们不必再去猜测烤肉的温度。

10　每当做周日烤肉大餐时，我都用除脏去头的畜体做高汤（见126页），并将剩下的肉做汤、馅饼、意大利调味饭和沙拉。

红酒烩鸡

您可以提前两天做这道经典的大餐，并在享用之前将它重新热一下。做好的鸡冷冻起来再吃味道也很好；在重新加热之前，请您确保冻鸡完全解冻。将红酒烩鸡和土豆泥一起端上桌，因为土豆泥能吸收所有美味的酱汁。

原料

6人份

25克干牛肝菌
1瓶红酒（750毫升）
15克黄油
1~2汤匙橄榄油
6个鸡腿
200克五花咸肉，切成片
400克小红葱头，去皮
250克栗蘑，如果蘑菇大就切半
3汤匙白兰地酒
45克普通面粉
4枝新鲜的百里香
2枝新鲜的迷迭香
2汤匙番茄酱
2瓣蒜，去皮并切成片
2茶匙不是很甜的黑砂糖
盐和现磨的黑胡椒

每份含

卡路里：446
饱和脂肪：6克
不饱和脂肪：10克
钠：583毫克

烹饪方法

1 将干牛肝菌放在300毫升沸水中浸泡15分钟。将红酒倒入一个大锅中。加入牛肝菌和煮过牛肝菌的水。将混合物在大火上煮，直到混合液减少了三分之一为止。

2 同时，在一个大而深的带锅盖的煎锅或耐火砂锅中给黄油和一半的油加热。将鸡腿炸成棕色。您可能需要分批地炸。将炸好的鸡腿放在一个盘子中并放在一旁备用。

3 将多余的脂肪从锅里排出。倒入咸肉和红葱头并炒至咸肉变成金黄色后，将混合物取出。加入栗蘑，如果需要的话，加入更多的油，并炸2~3分钟。将红葱头和五花咸肉再放回锅中。加入白兰地酒以溶解粘在锅上的肉粒。

4 将面粉放在一个罐中，慢慢加入少量的冷水搅匀，做一个薄而光滑的面团。加入上面的红酒和牛肝菌混合物，搅拌至混合物光滑细腻为止，并将蘑菇、咸肉和红葱头倒进锅中。在火上加热并不断搅拌，直至液体变浓稠。

5 加入香草、番茄酱、蒜和糖。加入盐和黑胡椒调味。将鸡腿放回锅中并轻轻地将它们按进调味汁中。煮沸，盖上锅盖并用文火炖75~90分钟，直到鸡肉变嫩。检查味道如何。

给红葱头去皮

用一把锋利的刀将红葱头尾部切掉。用手指或一把锋利的小刀仔细地将葱皮去掉。扔掉葱皮。

鸡肉、韭葱和蘑菇馅饼

用事先烤好的鸡肉意味着很快就能做好这种馅饼，您可以烤一整只鸡，用鸡肉做馅饼，用鸡骨做高汤，将剩下的高汤做汤。龙蒿的味道是鸡肉的绝配。

原料

4~6人份

50克黄油
2棵大韭葱，修剪好并切成片
50克普通面粉，外加额外的面粉用于涂撒
300毫升牛奶
300毫升热的鸡肉高汤
1茶匙第戎芥末酱
1汤匙切碎的新鲜龙蒿
200克栗蘑，切成片
盐和现磨的黑胡椒
500克烤好的鸡肉，切成片
50克切达干酪，磨碎
500克千层饼（见273页）
1个搅打过的鸡蛋

每份含

卡路里：660
饱和脂肪：19克
不饱和脂肪：20克
钠：560毫克

烹饪方法

1 将烤箱预热到200℃。在锅中将黄油融化。加入韭葱，在小火上翻炒10分钟左右。在一个小碗中用少量牛奶和面，做一个光滑的面团。

2 待韭葱变软后，将火调大并将面团和剩下的牛奶及高汤加入锅中。煮沸并不停地搅拌，直到调味汁变得浓稠而光滑细腻。

3 加入芥末酱和龙蒿。拌入蘑菇搅匀并用文火将混合物炖2分钟。加盐和黑胡椒调味并加入烤好的鸡肉。将锅从火上移开并加入奶酪。将混合物倒入一个浅的容量为1.7升的馅饼盘中，并放在一旁冷却。

4 同时，制作馅饼浇头。在操作台上撒些面粉，擀面团，直到面团比盘子略大为止。将面团切成4条，每条面团像盘子边缘那样宽。在盘子边缘刷上水，并将条形面团贴在盘子边上。在条形面团上刷上水，然后将用面团做成的盖子盖在条形面团上，按一按，将边缘接缝处封好，用手捏褶。

5 在面团上刷蛋液。将多余的面团切成树叶形摆在馅饼上，然后刷上更多的蛋液，用一把锋利的刀的刀尖在馅饼中央做一个小蒸汽孔。在烤箱里烘焙35分钟左右，或直到面团变为金黄色，酥脆可口。

我是如何做新鲜的鸡肉高汤的

1 将除去内脏和鸡头的鸡放入一个大锅中。将1个洋葱、2根芹菜茎和2根胡萝卜大致切碎，并将1片月桂叶、胡椒籽和香草加到锅中。

2 加入冷水，盖上盖煮沸，并撇去表面的浮渣，调至微火，盖盖炖2.5~3小时。

3 扔掉除去内脏和鸡头的鸡。用滤器滤出液体。将剩余的高汤盖上盖，并在冰箱中冷藏3天，或在冰柜中冷冻6个月。

大师课堂：

烤家禽和切家禽

　　家禽是所有人工豢养的鸟类动物的统称，主要为了获取其肉，一般为鸡、火鸡、鸭和鹅等。所有的家禽都非常适合整只烤。为了最大限度地利用家禽，更好地展示家禽，学习如何正确地切禽肉是值得的。

鸡和火鸡

　　烤鸡的方法请参阅112~115页的介绍，烤火鸡的方法请参见129页的图表。烤鸡和烤火鸡使用的是相同的切割技术，尽管对一只大的家禽来说，您需要去掉大腿并将其切成薄片，将鸡腿下段的肉切成条状。

如何切鸡

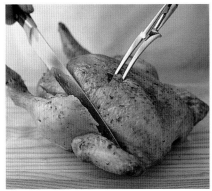

1 将鸡搁置15分钟以后，将鸡胸朝上放在案板上。用切肉叉将其牢牢按住，在大腿和鸡胸之间切。

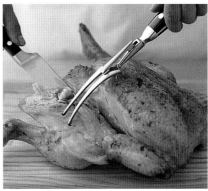

2 同时使用刀和叉，将鸡大腿向后掰，松弛鸡骨，使其远离鸡身。处理另一条腿时也要重复这个过程。

3 沿着一侧胸骨向下切，切下鸡胸肉，保持刀贴着胸骨走。在胸骨的另一侧也重复同样的动作。

4 将两块鸡胸肉对切，然后用刀将鸡胸肉斜切成大小相等的薄片。拽掉翅膀。

5 从关节处切穿每条鸡腿以分离鸡大腿和鸡腿下段。将白色和黑色的肉放在一个温热的肉盘中并端上桌。

面包酱

这种奶油酱与烤火鸡和烤鸡一起配着吃特别好吃。

　　将8整株丁香插入1个洋葱中。将900毫升的牛奶、1片月桂叶和6粒胡椒籽放入锅中。将混合物煮沸，将锅从火上移开，盖上锅盖，并泡制1个小时。滤出牛奶并将其倒回锅中。加入175克新鲜的白色面包屑，煮沸并搅拌。用文火煮2~3分钟。加入盐和黑胡椒调味，拌入60克黄油搅匀。趁热端上桌。

鸭和鹅

　　鸭和鹅都含有丰富的脂肪，因此为了减少脂肪，在烘烤之前要先在鸭皮或鹅皮上扎孔，并将鸭或鹅放在烤架上，下面放上烤盘。由于鸭肉和鹅肉要比鸡肉和火鸡肉更密实，因此，要将它们切成块而不是将它们切成条。

如何切鸭或鹅

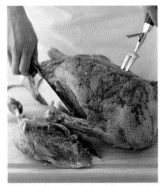

1 将鸭或鹅的胸脯朝上，放在案板上。用切刀从关节处切穿腿部，将其切掉。

2 沿着一侧胸骨向下切，切下胸脯肉。在胸骨的另一侧也重复同样的动作。

3 将胸脯肉斜切成厚片。给每人一些胸脯肉和一只鸭（或鹅）翅或一条鸭（或鹅）腿。

给禽类加填料

　　仅给鸭脖（或鹅脖）一端加填料，而不用给体腔加填料（可以仅填充香草和其他调味品）。将家禽尾部朝下放在一个碗里。拉住颈部的皮，用匙往里添加填料。皮拉得要比填料高些，用一把烤肉叉子以确保安全。

烤家禽：温度和时间

　　将这些时间作为指导，但要牢记家禽的大小和烤箱的温度不是一成不变的，您必须经常检查，看家禽是否已烤熟，最好是用一个测定肉内层温度的温度计。我建议先将烤箱调到高温挡来烤大家禽，让家禽快速被烤热，然后再调低温度并继续用低温慢慢烤，直到禽肉被烤熟为止。如果家禽很快就变为棕色，用铝箔将其包好。

家禽	大小	烤箱温度	时间控制	烤熟度指标
鸡	1.5~2.25千克	将烤箱预热到200℃	每450克需20分钟 另加20分钟 搁置15分钟	流出来的肉汁特别清澈（需烤透）；测定肉内层温度的温度计显示75℃
火鸡	6~7千克（中等大小的火鸡）	将烤箱预热到220℃，然后将温度调至160℃	40分钟，再继续烤3~3.5小时 搁置30~45分钟	同鸡肉
鸭	1.8~2.5千克	将烤箱预热到220℃，然后将温度调至160℃	1小时，再继续烤30分钟 搁置15分钟	同鸡肉
鹅	5~6千克	将烤箱预热到220℃，然后将温度调至180℃	30分钟，再继续烤1.5~2小时 搁置15分钟	同鸡肉

唐杜里烤鸡

这道经典的印度菜最好配米饭和温热的印度烤饼。为了使口味更新鲜，最好配上生的开胃小菜，开胃小菜是用细细切碎的红洋葱、切碎的香菜和切成丁的去皮番茄做成的，用少量橄榄油和柠檬汁调好味。

原料

4人份

4块去掉鸡皮和鸡骨的鸡胸肉
柠檬片，做装饰

制作卤汁所需的原料

100毫升全脂原味酸奶
3汤匙葵花籽油
1个小洋葱，去皮并磨碎
1瓣蒜，去皮并碾碎
2茶匙磨碎的姜
1茶匙磨碎的姜黄
1茶匙磨碎的马德拉斯（辛辣）咖喱粉

每份含

卡路里：195
饱和脂肪：2克
不饱和脂肪：6克
钠：110毫克

唐杜里餐盘

"唐杜里烹饪法"这一术语是用来描述在筒状泥炉里做的一道菜。筒状泥炉是一个筒状的黏土烤箱，按传统做法，这种烤箱是用木炭或木头来加热的。烤箱里的温度很高，因此鸡肉很快就可以被烤熟。封住家禽的肉汁使其保持润泽。在家中烹饪时，在没有筒状泥炉的情况下，将烤箱温度调到最高挡给烤架预热是至关重要的。在烘烤前将鸡肉浸泡在肉汁中可以确保鸡肉柔软细嫩、味道香浓。

烹饪方法

1 将所有做卤汁用的原料都混合在一个非金属的大碗里，加入2汤匙冷水。

2 修剪鸡胸肉并按如下所示的方法将鸡肉切开。将鸡肉放到碗中并浸在卤汁中。

3 用保鲜膜封好碗口，将浸泡在卤汁中的鸡肉放到冰箱里冷藏8~24小时，这样鸡肉有充足的时间入味。

4 将铝箔铺在烤锅中，在烘烤前将烤锅调至最高挡预热5分钟左右。

5 沥干鸡胸肉，去掉多余的卤汁并扔掉卤汁。将鸡肉放在烤锅的烤架上。将烤锅的温度调至中高挡。

6 在离火10厘米的地方烤鸡肉，每面大约烤6分钟。要想检验鸡肉是否烤好，将刀插到鸡胸肉最厚的部分。当流出来的肉汁特别清澈时，鸡肉就烤好了。

7 您既可以在上菜前将鸡肉切成薄片，也可以将整块鸡胸肉端上桌。用柠檬片做装饰。

准备鸡胸肉

1 用一把去皮刀将白色的筋腱从鸡胸下面剥除。筋腱多筋而又难嚼，将其扔掉。

2 在烤鸡肉的过程中，保持去掉皮的鸡胸肉鲜美多汁且柔软细嫩。先用一把厨师刀在鸡肉上斜着划儿刀，再将鸡肉浸泡在卤汁中。

鸭胸肉配红醋栗果酱

在烤鸭胸肉之前，我先将鸭皮去掉，这是因为在不将肉烤焦的情况下，很难将鸭皮真正烤酥烤脆。如果您喜欢鸭皮，就单独烹饪鸭皮，在煎锅里或低温烤箱中慢慢烹饪，当鸭皮酥脆后，用剪刀剪成条状。

原料

4人份
4块鸭胸肉，每块重约200克，去皮
盐和现磨的黑胡椒
约2汤匙橄榄油

制作酱汁所需的原料
2个红葱头，去皮并细细切碎
1瓣蒜，去皮并细细切碎
1小枝新鲜的百里香
250毫升红酒
1茶匙德麦拉拉蔗糖
5汤匙红醋栗果酱
10克黄油，切成小块

每份含
卡路里：439
饱和脂肪：6克
不饱和脂肪：15克
钠：242毫克

烹饪方法

1 用盐和黑胡椒为鸭胸肉调味，然后将1汤匙橄榄油全都刷涂在鸭胸肉上。

2 给一个不粘食物的煎锅或炒锅加热，直到锅变热为止。将温度调至中高挡并将鸭胸肉放在锅中，有鸭皮的一面朝下连续炸5~6分钟（取决于它们有多肥）。如果鸭胸肉很快就变成了棕色，将温度调至低挡。

3 待鸭胸肉变为棕色后，将其翻面，继续炸5~6分钟。将鸭肉从锅中取出，转移到一个盘子里，用铝箔包好，使其保持温度。

4 制作酱汁：在同一个锅里给剩下的一匙油加热，将鸭肉放在油里炸，并加入红葱头、蒜和百里香，不停地搅拌，从锅底刮去任何粘锅的物质。炸2分钟左右，或直到红葱头变软并开始变成棕色为止。

5 倒入红酒，加入糖，煮沸，然后将火调小三分之一，用文火炖。拌入红醋栗果酱并搅匀，让其融化，然后用文火炖几分钟，直到酱汁看上去香醇可口且像糖浆般略微有些甜腻黏稠。

6 将锅从火上移开，扔掉百里香，一块一块地加入黄油搅匀。品尝味道如何，调味。每份鸭胸肉都配上一两匙酱汁，将酱汁淋到鸭胸肉上食用。

将红葱头细细切碎

朝根部横切，让切片在根部相连，再垂直切断。最后再横着切丁。

> 不管我们有多忙，我们总是喜欢与家人坐在一起共进晚餐。厨房的餐桌是与家人同舟共济的完美之所。

野味大杂烩

您可以从超市或肉店买几包无骨混合野味；或者，您也可以自己混合搭配，如将野鸡和鹿肉混在一起食用等。这道菜配土豆泥和皱叶甘蓝一起食用会更加美味。

原料

6人份

3片干腌熏咸肉，切丁

45克黄油

900克无骨混合野味，修剪好并切成4厘米见方的立方体

2个红葱头，去皮并切碎

25克面粉

300毫升红酒

300毫升野味高汤或鸡肉高汤（见126页）

2汤匙红醋栗果酱

少许深色肉汁（可选）

盐和现磨的黑胡椒

1束饰菜

切碎的新鲜欧芹，做装饰

每份含

卡路里：357

饱和脂肪：5.5克

不饱和脂肪：6.5克

钠：370毫克

烹饪方法

1 将一个大而深的不粘食物的带盖煎锅或耐火的砂锅置于中火上。当锅热时，加入熏咸肉并炸至酥脆。用笊式漏勺将熏咸肉取出并转移到一个盘子中，放在一旁备用。

2 将锅中的黄油融化，加入野味和红葱头，翻炒2分钟左右，不停地用木勺搅拌。

3 按如下所示的方法加入面粉，然后加入红酒、高汤、红醋栗果酱和深色肉汁（如果用的话），搅拌使之充分混合。

4 将混合物煮沸，用盐和黑胡椒调味并加入饰菜束。调小火并盖上锅盖。

5 小火慢煮约2.5~3小时，煮至一半时，将火调大，再次沸煮2分钟，然后再调至小火，用文火煮。

6 检查肉是否变嫩，肉汁是否浓稠。饰以切碎的欧芹并端上桌。

深色肉汁

由焦糖、糖浆和调味香料制成的液态深色肉汁给野味大杂烩着上了一层令人愉快而胃口大开的深棕色。由于这种材料不太好找，因此值得在您的储存架上备上一瓶。不要将它与肉汁粉或肉汁颗粒混淆。

制作新鲜的饰菜束

手握2~3小枝百里香、1片月桂叶和5~6根欧芹茎。用一根细线绕这些草本植物转几圈并系牢。

让酱汁变浓

将面粉撒在肉上，然后搅拌均匀。在中火上煮2~3分钟，不时地搅拌，直到面粉变为棕色为止。

传统烤野鸡

从仲秋到晚冬，人们都可以买到野鸡。野鸡一般是成对出售的，但也有卖单只的。配红醋栗果酱、面包酱、嫩煎的土豆、薄荷味豌豆和小胡瓜一起食用（见212~213页）。

原料

4人份

2只野鸡，保留内脏（如果有的话）
85克黄油（室温）
盐和现磨的黑胡椒
4块五花熏咸肉薄片
几小枝豆瓣菜，做装饰

制作肉汁所需的原料

1茶匙普通面粉
300毫升野鸡内脏高汤（见下面方框中的说明）或鸡肉高汤（见126页）
1茶匙红醋栗果酱
少许深色肉汁（可选）

每份含

卡路里：581
饱和脂肪：19克
不饱和脂肪：22克
钠：625毫克

烹饪方法

1 将烤箱预热到200℃。将黄油和调料都涂在野鸡表面。将两块五花熏咸肉薄片交叉地摆放在每只野鸡的鸡胸上。

2 将野鸡放在一个烤盘上并在烤箱里烘烤1个小时，或直到野鸡变嫩，淋一次汁。

3 将烤肉叉子插入鸡腿肉最厚的地方检查野鸡是否烤熟。如果熟了，流出来的肉汁会特别清澈。

4 将野鸡放在温热的大浅盘中，用铝箔包好，在您做肉汁时保持野鸡的温度。

5 倒掉烤盘上差不多1~2汤匙的脂肪，保留肉汁和沉淀物。将烤盘放在炉盘上，用中火加热，一直到鸡肉发出咝咝声为止。然后按如下所示的方法加入面粉、高汤、红醋栗果酱和深色肉汁（如果用的话）。品尝味道如何，调味。滤出肉汁，将滤出的肉汁倒入温热的肉汁壶或船形肉汁盘中。

6 用豆瓣菜小枝装饰烤好的野鸡，然后将野鸡切好，配热肉汁上菜。

内脏高汤

您可能会找到禽类的内脏，如果这样的话，您可以用这些内脏做高汤，您会发现很值得一做。在大锅里用少量油炸内脏，直到它们变为浅棕色。加入1升的水，将混合物搅匀并煮沸。撇去表面的浮渣。加入2个被切成4等份的洋葱、1根切碎了的芹菜秆、1根切碎了的胡萝卜、1束饰菜和几颗黑胡椒粒。用文火炖1小时左右。滤出高汤然后放凉待用。

我是如何做香浓而有肉味的肉汁的

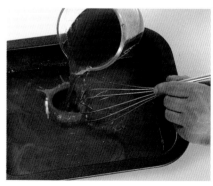

1 将面粉加到烤盘中的肉汁中。迅速搅拌，在烤盘底部和烤盘侧面被熬成焦糖点的地方搅匀。煮2~3分钟，直至混合物变为褐色糊状物。

2 慢慢地加入高汤、红醋栗果酱和深色肉汁（如果用的话），不停地搅拌。将混合物煮沸，搅拌至混合物变得光滑细腻而又浓稠，然后再用文火煮2~3分钟。

肉类

牛排配洋葱酱

洋葱酱不仅是牛排的好伴侣，而且还特别神通广大。制作双份洋葱酱是个好主意，因为它可以被储存在冰箱中（如下所示）。我觉得将现成的洋葱酱拌入肉汁和酱汁中搅匀是特别有用的，或者，您甚至可以用一两匙洋葱酱涂在培根乳蛋饼底部。

 4人份　　 准备时间：5分钟　　 烹饪时间：75分钟

原料

4块牛脊肉或菲力牛排，每块重约115~175克，修整好
1汤匙橄榄油

制作洋葱酱所需的原料

3个大洋葱，总共重约750克
2汤匙橄榄油
1汤匙不是很甜的黑砂糖
盐和现磨的黑胡椒
2茶匙香醋

特殊设备

1个用来做洋葱酱的带盖的大煎锅和1个用来做牛排的带凸纹的铸铁炭烤锅；也可以用一个不粘食物的大炒锅来做牛排

每份含

卡路里：409
饱和脂肪：7克
不饱和脂肪：17克
钠：89毫克

厨师笔记

牛排切块

在这里我推荐牛脊肉或菲力牛排，因为它们都很嫩，很好切。如果您选用的是西冷牛排，可以用一个木质擀面杖重重拍打两层保鲜膜之间的牛排。

提前准备

您可以提前1周做好洋葱酱，在做牛排的时候，在炉盘上重新给洋葱酱加热即可。

制作洋葱酱

 准备时间：5分钟　　 烹饪时间：70分钟

1 用一把厨师刀将洋葱纵向对切。去掉洋葱皮，将根部留着，让已经被切成一半的洋葱仍连在一起。将每半个洋葱的切割面朝下放在菜板上并横着切（不是纵切）。

成功关键
　　您要控制好火候，让洋葱刚好能被炒熟但火不要太大，以免洋葱变成棕色。

2 将一个大煎锅置于大火上，热油，直到油变得滚烫。加入洋葱并翻炒几分钟，搅拌并确保所有的洋葱都沾上油。

3 加入糖和调料并搅拌使其充分混合。用锅盖盖住煎锅并调至小火，用文火煮1个小时左右，或煮到洋葱变得十分柔软为止。

4 将火调大，除去多余的水分，加入香醋并检查味道如何。在您烤或煎牛排时保持洋葱酱是温热的。

大师食谱/Master Recipe

做牛排

🕐 烹饪时间：4~6分钟

成功关键

千万不要在烤或煎牛排之前给牛排加盐，因为盐会使肉汁排出。

1 用大火给炭烤锅或炒锅预热，直到锅变得滚烫。待锅热了，用黑胡椒给牛排调味并将牛排的一面刷上油。

2 加入牛排，涂了油的一面朝下，每面烤或煎2分钟左右，就可以得到三分熟的牛排了。您也许需要分批做，如果需要分批做的话，请保持做好的牛排是温热的。

3 上菜之前，将盐撒在牛排上，如果您喜欢的话，可以撒上更多的黑胡椒，并在牛排上抹上一大匙温热的洋葱酱。

"我喜欢三分熟或粉红色的牛排；如果您喜欢全熟的牛排，只需将烹饪时间延长一两分钟即可。"

经典牛肉砂锅

　　砂锅的最大优点是可以提前做，而且菜的味道会随着炖煮时间的增加而变得越来越美味。这个食谱是用来做香浓丰盛的炖汤的，因此它是冬日的最佳选择，配以奶油酱和时令绿色蔬菜一起食用。

原料

6人份

1汤匙葵花籽油

900克牛肉，修整好并切成2厘米见方的立方体

2棵韭葱，修剪好并切成片

2根胡萝卜，去皮并切丁

4平汤匙普通面粉

150毫升波特酒或烈性红酒

160毫升牛肉高汤

1汤匙红醋栗果酱

1汤匙伍斯特沙司

2片月桂叶

盐和现磨的黑胡椒

225克栗蘑

几小枝欧芹，做装饰

每份含

卡路里：345

饱和脂肪：4克

不饱和脂肪：9克

钠：244毫克

烹饪方法

1 将烤箱预热到160℃。同时，将一个耐火的大砂锅置于中火上，给锅中的油加热，迅速将整块牛肉煎至棕色。用篦式漏勺将牛肉取出并放在一旁备用。您也许需要分批煎牛肉。

2 将韭葱和胡萝卜加入砂锅中，并用大火将韭葱和胡萝卜煮成棕色。加入面粉并搅拌，让面裹在蔬菜上。

3 混入波特酒或红酒和高汤。加入红醋栗果酱、伍斯特沙司、月桂叶、盐和黑胡椒。将栗蘑切为4等份，并将栗蘑和牛肉一起加入砂锅中。

4 将混合物煮沸，盖上锅盖，并在烤箱中加热2~2.5小时，或直到牛肉变嫩为止。在端上桌之前，取出月桂叶并用小枝欧芹装饰每个盘子。

　　变式：鹿肉和牛肉砂锅。将一半的牛肉替换为炖鹿肉，将鹿肉切成同样大小的立方体。

我是如何做香浓的牛肉高汤的

1 将2千克牛骨放入一个大烤盘中。加入2~3个切碎的洋葱、芹菜茎和胡萝卜（或胡萝卜缨）。以230℃的温度烤30分钟。

2 将骨头和蔬菜移到一个大而深的锅中，锅里加入新鲜的迷迭香、百里香、欧芹和胡椒籽。倒入足够的冷水，使冷水没过所有食材。煮沸并撇去浮渣。

3 盖上锅盖，并用文火慢慢炖4~6小时。扔掉骨头并滤出骨头汤，将骨头汤滤进耐火的大罐子或大碗中。在冰箱里储存3天或在冰柜里冷冻6个月。

完美的汉堡

简单的便是最好的——这些汉堡就是如此。如果您喜欢，可以加一点辣根酱或第戎芥末酱，这会带给您极大的快感。烤汉堡是一个健康的选择，但如果您喜欢，您也可以在不粘食物的煎锅里炸汉堡。

原料

6人份

1千克剁碎的牛肉
2个小洋葱，去皮并磨碎
2汤匙切碎的新鲜欧芹
盐和现磨的黑胡椒
少许塔巴斯科辣酱
2~4汤匙葵花籽油
6个汉堡面包，备用

每份含

卡路里：454
饱和脂肪：10克
不饱和脂肪：18克
钠：166毫克

馅和开胃小菜

切成薄片的腌制小黄瓜、酥脆可口的莴苣、芝麻菜和切成薄片的白洋葱或红洋葱都是汉堡的绝配，它们能令汉堡口感爽脆。汉堡与番茄开胃小菜和蛋黄酱一起食用也很美味，若番茄开胃小菜和蛋黄酱都是自制的话，那味道更是无与伦比（见248页）。如果您愿意，也可以在从商店买来的蛋黄酱中加入第戎芥末酱。

烹饪方法

1 将剁碎的牛肉和洋葱一起放入一个碗中。加入欧芹、盐和黑胡椒及塔巴斯科辣酱，并用手轻轻地将它们混合在一起，直到所有原料都充分混合为止。

2 按如下所示的那样将混合物做成6个大汉堡，用湿手防止混合物粘黏。最好在烤前至少将汉堡冷冻30分钟，这会使牛肉更结实，而且在烘烤时还有助于让肉抱团。

3 将铝箔平铺在烤盘上并在烤肉前给烤架预热5分钟左右。给汉堡的一面刷上油。将所有汉堡有油的一面朝下放置在烤架上，并在汉堡顶部也刷上油。

4 在离火约10厘米处烤汉堡，如果想要三分熟的汉堡，就将汉堡的每个面烤2~3分钟；如果想要半熟的汉堡，就烤4~5分钟；如果想要全熟的汉堡，就烤6分钟。如果您愿意，将汉堡和做配菜的沙拉及额外的馅和开胃小菜一起端上桌（见左侧方框说明）。

变式：羊肉汉堡。 用剁碎的瘦羊肉来代替牛肉。将欧芹替换为同样数量的切碎了的新鲜薄荷，并加入1汤匙红醋栗果酱，来替代塔巴斯科辣酱。

为汉堡塑形

用微湿的双手将混合物分为大小相同的几块并将每块揉成球状。轻轻将球状混合物压平，以形成汉堡的形状。

肉类/Meat

威灵顿牛排

为庆祝节假日而做的奢华主菜。我曾用从中间切开的菲力牛排来做这道菜，因为菲力牛排是一块平整的肉，因此在整个烹饪的过程中，它都是均匀受热的。如果您不想买现成的酱汁，也可以自制鸡肝酱和茄子酱（见56~57页）。

原料

4~6人份

1千克重的一块从中间切开的菲力牛排，修整好

现磨的黑胡椒

2汤匙葵花籽油

25克黄油（室温）

面粉，用来涂撒

350克千层酥皮面团（见273页）

250克光滑细腻的鸡肝酱或猪肉酱（可选）

1个搅打过的大鸡蛋

每份含

卡路里：681

饱和脂肪：17克

不饱和脂肪：24克

钠：416毫克

烹饪方法

1 将烤箱预热到220℃。用黑胡椒给牛肉调味，并涂上油，按如下所示的方法将牛肉烤成棕色。

2 在撒有少量面粉的操作台上将面团擀成长方形，宽是牛肉宽度的4倍，长比牛肉长20厘米。

3 将冷却的牛肉放在面团中间。如果用酱的话，就将酱汁涂在菲力牛排顶部，然后将长方形面团的长边盖住牛肉，两个长边在中间处相交，重叠2.5厘米。给重叠部分的里层刷上搅打过的蛋液，再按一按，使重叠的部位封好。将这个打好的"包裹"放在烤盘上，有封口的一面朝下，修整面团边缘，留出足够的边方便在下面折叠，将面边掖在下面。

4 按如下所示的方法将搅打过的蛋液刷在面皮上。将剩余的面皮擀成长长的条状。切成薄条并在每块薄条上刻上十字形图案。在这一步您可以烤牛排了，或者将牛排用保鲜膜包起来并放在冰箱里冷藏12个小时。

5 用与之前一样的温度给烤炉预热。再次将搅打好的蛋液刷在面皮上并烘焙30分钟。如果面皮很快就被烤成棕色的了，用铝箔盖住。将牛排搁置10~15分钟，然后切成厚片端上桌。

我是如何准备牛排和面皮的

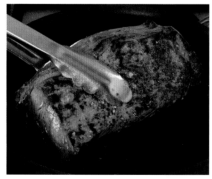

1 用大火给一个不粘食物的大煎锅加热直到锅变热并将加了调料的菲力牛排快速煎成棕色以防肉汁溢出。确保牛排的各个面都被煎成棕色。

2 将被煎成棕色的菲力牛排转移到一个小烤盘中，涂上黄油，如果您喜欢三分熟的牛排，就烤18~20分钟；如果您喜欢全熟的牛排，就烤得略久一些。将牛排冷却。

3 像上文第2步和第3步所描述的那样将涂好酱的牛排用面皮包住。用面饼刷轻轻地在面皮上涂一薄层搅打过的蛋液，这样面皮就会变得很光滑。

大师课堂：

烤切牛肉

我喜欢以传统的方式来配烤牛排，即用约克郡布丁（见228~229页）、烤土豆（见172~173页）、红酒肉汁和辣根酱来配烤牛排。每人225~350克带骨的大块牛肉和100~175克无骨牛肉。您可以根据个人喜好来选择牛肉的烤熟度。

烤肉的诀窍

在烤肉前，肉要保持室温状态，然后再用正确的温度给烤箱预热。带骨的牛里脊肉是带骨的大块肉中最好的。首先，切掉一薄层肥肉并用盐和黑胡椒调味。

如何烤切带骨牛肉（牛里脊肉）

1 将带骨的大块牛肉放在一个烤盘中，将肋骨朝上。刷上橄榄油。如果您有用来测肉内层温度的温度计，将其插入肉最厚的部分。

2 烤牛肉（见153页）烤到一半时，将油脂涂在牛肉上。将牛肉转移到切肉板上，盖上铝箔，在切割前将牛肉静置。

3 切割时，首先将骨头上的肉剔去。用一把叉子牢牢地按住牛肉，用一把锋利的刀像锯东西那样在肉和骨头之间切割。

4 当肉与骨头分离以后，将带骨头的大块肉翻面，这样涂了油脂的一面就朝上了。再次像锯东西那样用刀垂直向下切，将牛肉切成薄片。

奶油辣根酱

这种光滑细腻的酱是牛肉的绝佳拍档，而且很容易被混合成糊状。

在一个碗中，将2~3汤匙磨碎的新鲜辣根与1汤匙白葡萄酒醋混合在一起。在另一个碗中将150毫升高脂厚奶油或鲜奶油搅拌至奶油变得浓稠。将奶油和辣根混合物放在一起搅拌，并依个人口味加入盐、黑胡椒和细白砂糖。给做好的酱盖上盖并静置冷却，直到和牛肉一起端上桌。

炖牛肉

牛臀肉和牛胸肉等牛肉切块太瘦，以至于不能用烤箱烤，最好是炖。这包括将牛肉放在一个耐火的砂锅中，在炉盘上煮至棕色，然后加入液体（通常是白葡萄酒）和蔬菜，再盖上锅盖用文火炖几个小时。炖牛肉是很美味的一锅煮菜式，做出来的牛肉特别嫩。

烤牛肉：最好的牛肉切块、温度和时间

烤牛肉的时间取决于带骨牛肉的重量及您喜欢吃几成熟的牛肉。做带骨牛肉比做无骨牛肉需要的时间长一点，而且在开始时要用非常热的烤箱。如果牛肉很快变成了棕色，就用铝箔将肉盖住。

牛肉切块	描述	烤箱温度	时间控制	烤熟度指标
牛里脊肉（西冷）	最适合烤的带骨牛肉块（见152页）。肉质细嫩，有脂肪沉积，呈大理石斑纹状。要想快点做好，也可买无骨牛里脊肉	带骨牛里脊肉：先将烤箱预热到220℃，再将烤箱温度调至180℃	烤15分钟，然后再按如下说明继续烤。三分熟：每450克的牛肉需烤20分钟，外加20分钟；半熟：每450克的牛肉需烤25分钟，外加20分钟；全熟：每450克的牛肉需烤30分钟，外加20分钟；将牛肉静置20分钟	三分熟：肉汁将是粉红色的；测定肉内层温度的温度计显示为50~65℃；半熟：肉汁将非常清澈；测定肉内层温度的温度计显示为70℃；全熟：肉汁将非常清澈；测定肉内层温度的温度计显示为75~80℃
		无骨牛里脊肉：将烤箱预热到190℃	烤25分钟，然后再按如下说明继续烤：三分熟：每450克的牛肉需烤20分钟，外加20分钟；半熟：每450克的牛肉需烤25分钟，外加25分钟；全熟：每450克的牛肉需烤30分钟，外加30分钟；将牛肉静置20分钟	
牛臀肉	无骨牛臀肉块，与牛里脊肉相比，它的纹理较粗，肉质较瘦	同（无骨）牛里脊肉	同（无骨）牛里脊肉	同牛里脊肉
牛大腿肉/上臀肉	无骨、不贵而且比牛里脊肉更瘦	同（无骨）牛里脊肉	同（无骨）牛里脊肉	同牛里脊肉
眼肉	上好的（带骨或无骨）大块牛肉，脂肪交杂呈大理石花纹状	同（带骨或无骨）牛里脊肉	同（带骨或无骨）牛里脊肉	同牛里脊肉
牛肋排	从肩胛到牛里脊部位，不贵但却带骨的极好大块牛肉	同（带骨）牛里脊肉	同（带骨）牛里脊肉	同牛里脊肉
菲力/嫩牛柳	贵、肉质非常细嫩、瘦且无骨。通常整块烤或被分割成几大块	从中间切开的菲力牛排：将烤箱预热到220℃	在一个煎锅中用热油将牛肉煎成棕色，给整块肉都披上一层"棕色铠甲"，然后将其放在烤盘中，要想得到半熟的牛肉，每450克牛肉需烤10~12分钟。将牛肉静置10~15分钟	肉汁将略呈粉红色；测定肉内层温度的温度计显示为65~70℃

香草肉丸配番茄酱

　　这些肉丸构成了一家人的美味晚餐。如果您想为这道菜再多增添一点味道的话，请在酱汁和肉丸混合物中加点塔巴斯科辣椒油。将做好的肉丸与意大利面一起端上桌，并撒上磨碎的帕玛森干酪。

原料

4~6人份

450克牛肉馅

75克新鲜的白色面包屑（见96页）

75克帕玛森干酪，磨碎，外加额外的干酪备用

2汤匙切碎的新鲜欧芹

1汤匙切碎的新鲜百里香

1个搅打过的鸡蛋

几滴塔巴斯科辣椒油

盐和现磨的黑胡椒

2汤匙葵花籽油

制作酱汁所需的原料

1汤匙橄榄油

1个洋葱，去皮并细细切碎

1瓣蒜，去皮并碾碎

2罐400克的切碎的番茄

2汤匙番茄酱

1茶匙不是很甜的黑砂糖

每份含

卡路里：545

饱和脂肪：13克

不饱和脂肪：21克

钠：493毫克

烹饪方法

1 将牛肉、面包屑、干酪、欧芹、百里香、鸡蛋和塔巴斯科辣椒油放入一个大碗中。依个人口味加入盐和黑胡椒。用手混合均匀，直到所有原料都充分混合为止。

2 按如下所示的方法将混合物揉成24个大小相同的肉丸，或将它们在撒有面粉的操作台上滚动。

3 给不粘食物的大煎锅里的葵花籽油加热。加入肉丸并用大火炸肉丸，直到肉丸全被炸成金黄色为止。您也许需要分批炸肉丸。将肉丸移到厨房纸上沥干。

4 制作番茄酱：用大火给不粘食物的带盖的大煎锅里或耐火的砂锅中的橄榄油加热。加入洋葱和大蒜，慢慢地煎炸几分钟。将火调小，盖上锅盖并用文火炖15分钟左右，或直到洋葱变软为止。

5 打开锅盖，加入番茄、番茄酱和糖，并加入盐和黑胡椒调味。煮沸。

6 将炸成棕色的肉丸放回锅中，再盖上锅盖，用文火慢炖20分钟左右，或直到肉丸被炖熟为止。

为肉丸塑形和炸肉丸

1　用潮湿的手取少量的牛肉混合物并将其揉成5厘米大的肉丸。

2　将肉丸放在油中慢慢炸5分钟左右，当肉丸一面变为棕色时，小心地将肉丸翻面。

墨西哥辣味牛肉

大多数辣味食谱都是使用剁碎的牛肉，与这些辣味食谱不同，墨西哥辣味牛肉是用炖牛排做的，它与新鲜的红辣椒和辣椒粉混合，口味独特。冷却后，这道菜能在冰箱里保存3天。提前做好的牛肉的味道甚至更好。

原料

4人份

2汤匙葵花籽油
700克炖牛肉，修整好并切成2厘米见方的立方体
2个洋葱，去皮并细细切碎
1瓣蒜，去皮并碾碎
1~2个新鲜的红辣椒，去籽并细细切碎
25克普通面粉
2~3茶匙辣椒粉，依个人口味
一罐400克切碎的番茄
2汤匙番茄酱
1块浓缩的牛肉固体汤料
盐和现磨的黑胡椒
2罐400克的红芸豆，沥干并冲洗干净
1个大的红辣椒，去芯、去籽并切丁
塔巴斯科辣椒油（可选）

每份含

卡路里：577
饱和脂肪：14克
不饱和脂肪：7克
钠：628毫克

烹饪方法

1 将烤箱预热到150℃。将1汤匙葵花籽油倒入一个耐火的大砂锅中，并用中火将牛肉煮成棕色。用笊式漏勺将牛肉块转移到一个盘子中。您可能需要分批转移。

2 将剩下的葵花籽油加入砂锅中，在中火上加热1分钟，然后加入洋葱、蒜和红辣椒。煮3分钟，不停地搅拌，不让残渣粘住锅底。

3 加入面粉和辣椒粉并搅拌3~4分钟。加入番茄和带汁牛肉，再加入番茄酱。在425毫升的沸水中将浓缩的固体汤料溶解并添加到砂锅中。

4 不停地搅拌混合物至刚刚沸腾冒泡，加入调料，盖上锅盖并将砂锅转移到烤箱中。在烤箱中加热1.5小时，然后再加入红芸豆和切丁的红辣椒。再次盖上锅盖并放回到烤箱中继续加热30分钟。

5 上菜之前，咬一块肉尝尝，检查肉是否熟透，确保肉的口感细嫩。品尝酱汁检查味道如何，如果您认为这道菜需要更多的热量，就加几滴塔巴斯科辣椒油。

安全地给新鲜的红辣椒去籽并将红辣椒切碎

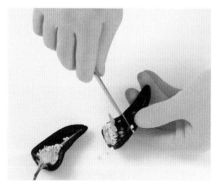 

1 戴上橡胶手套以保护您的双手，用一把去皮刀将红辣椒纵向对切。用刀尖将辣椒籽和薄膜刮净、扔掉。

2 用手将辣椒按平，纵向切成薄薄的长条，然后将长条聚集在一起，横向切成很小的立方体。不要摸眼睛，否则辣椒会辣眼睛。

玛丽的成功秘方

肉类

海鲜酱炒猪肉，160~161页

1 确保牛肉切块与烹饪方法是相宜的——瘦肉最适合快速烹饪，如用平底锅煎、爆炒或烧烤；较硬的大块肉需要花费较长的时间慢慢煮。

2 经验之谈是，在计算需要准备多少牛肉时，我为每人准备100~175克的无骨牛肉，如果牛肉带很多骨头，就为每人准备225~350克的带骨牛肉。

3 在烹饪前去掉多余的肥肉和所有能看得见的软骨、筋和不易咀嚼的结缔组织。但请务必保留一薄层肥肉，因为在烹饪的过程中它会令牛肉保持润泽多汁并提味。

牛排配洋葱酱，142~145页

4 如果烤或煎牛排、排骨或熏肉片，砍掉或剪掉不时出现的任何肥肉，以防牛肉在烹饪的过程中卷起。

5 用卤汁浸泡要烤的大块瘦肉或要烧烤或户外烧烤的瘦牛肉切块，以保持牛肉美味多汁。

6　拍打臀部牛排、猪里脊肉和薄的切块，使肉变嫩。将肉放在两层保鲜膜之间并用一个木质的擀面杖敲打。

7　在将肉煎成棕色时，一次仅加几块肉，每块肉周围都留空隙。如果将大量的肉同时倒进锅中，温度就会变低，就没有足够的热量来给肉收汁了。

8　我更喜欢做慢炖的肉类大餐，如用砂锅炖等，可以提前几天就将菜做好，而不是现吃现做——炖煮和再加热的过程能令肉的味道更加鲜美。

9　将所有的肉都储存在冰箱中，生肉与熟肉要分开放，并将生肉放在较低的架上以防弄脏下面的食物。

经典牛肉砂锅，146~147页

10　将特别新鲜的肉紧紧地包裹起来再冷冻。剁碎的肉和香肠能在冰箱中储存3个月；内脏、排骨和肉片能储存4个月；大块肉和牛排能储存6个月。

海鲜酱炒猪肉

　　炒猪肉的好处是您可以提前准备所有的原料，当您想吃的时候，很快便能做好。如果您没有炒菜锅并想用煎锅来代替，您可能需要将食物分两批来做。

原料

4人份

2根胡萝卜，去皮
200克嫩的甜玉米
4~6棵青葱，修剪好
100克新鲜的豆芽
8薄片柠檬
400克猪里脊肉（嫩腰肉）
3汤匙葵花籽油
1瓣蒜，去皮并碾碎
5汤匙海鲜酱
2汤匙中国米酒或没有甜味的雪利酒
新鲜的香菜叶，做装饰

每份含

卡路里：348
饱和脂肪：4克
不饱和脂肪：15克
钠：1168毫克

烹饪方法

1 按如下所示的方法将胡萝卜切成细条，并将甜玉米切成4厘米长的玉米条。将青葱斜切成片。按如下所示的方法准备好豆芽。将柠檬片切为4份。

2 将猪里脊肉放在两层保鲜膜之间，用木质擀面杖或一个沉沉的炖锅的锅底将猪里脊肉拍平。按如下所示的方法将猪里脊肉切成细条。

3 锅置大火上，给炒菜锅加热1~2分钟，直到锅变得滚烫。加入2汤匙油并加热，直到油刚开始冒烟为止。加入胡萝卜、甜玉米、青葱和柠檬并用中火炒2分钟，或直到甜玉米变软为止。

4 用笊式漏勺将蔬菜移走。加入一半的猪肉并用大火炒3分钟。用笊式漏勺将猪肉移走。给炒菜锅中剩余的油加热，加入剩下的猪肉和蒜并用大火炒3分钟。

5 将蔬菜和猪肉放回炒菜锅中，加入海鲜酱和米酒或雪利酒，并用大火炒至冒泡。加入豆芽并颠炒使食材混合。立刻端上桌，用香菜叶做装饰。

将胡萝卜切成胡萝卜条

将胡萝卜纵切成大约5毫米厚的薄片。将胡萝卜片堆起来并再次纵切成平行的胡萝卜条，不要超过5毫米宽。

准备好豆芽

拣出好的豆芽，扔掉所有变了色的豆芽。去掉细根和绿皮。在滤器中用冷的自来水洗净豆芽的芽并将水沥干。

将猪里脊肉切成片

去掉猪里脊肉的脂肪。手持厨师刀，将猪里脊肉斜切成很薄的薄片。您切得越薄，猪肉就熟得越快。

香肠、芥末泥和洋葱汁

这是真正的爽心美食，除了素食主义者，几乎所有的人都肯定会喜欢这道菜——我在几年前参加的一次冬季婚宴上品尝过这道菜，经证实，它比经典的自助餐还要受欢迎。

原料

4人份

1汤匙橄榄油
8根质量好的大香肠
盐和现磨的黑胡椒

制作芥末泥所需的原料

800克面土豆，很面的土豆如爱德华国王或玛丽斯·派帕等品牌的土豆，切成大块
30克黄油
满满一汤匙第戎芥末酱
约4汤匙热牛奶

制作酱汁所需的原料

2个洋葱，去皮并切成薄片
1汤匙普通面粉
400毫升热的蔬菜高汤（见30页）
2茶匙红醋栗果酱
少许伍斯特沙司

每份含

卡路里：528
饱和脂肪：12.5克
不饱和脂肪：19克
钠：1137毫克

烹饪方法

1 给大煎锅中的油加热，加入香肠，用小火煎20分钟左右，不时地将香肠翻面，直到整根香肠都变成金黄色。取出香肠并将其放在一旁备用。在锅里留大约2汤匙的油和肉汁，丢掉多余的油和肉汁。

2 同时，按如下所示的方法烹饪土豆。将土豆用滤器沥干，然后将土豆倒回锅中并捣成土豆泥（见166页）。加入黄油、芥末和足够的牛奶，牛奶能令土豆泥柔软滑腻而又黏稠。调味并保持温热。

3 制作酱汁：将煎锅置于中火上，将洋葱倒入锅中与肉汁一起煮，不时地搅拌约10分钟，或一直搅拌到洋葱变得很软并变成金黄色为止。

4 拌入面粉搅匀并煮1分钟。慢慢地拌入高汤搅匀，在您离开时刮去锅底的黏稠物。煮至刚开，然后将火调小并用文火煮2~3分钟。拌入红醋栗果酱搅匀并依个人口味调味，加入少许伍斯特沙司。

5 将香肠放在洋葱汁中并用小火热透。与土豆泥一起端上桌。

煎香肠

一些人在烹饪前会先在香肠上扎几下以确保香肠不会爆裂。但如果您用小火煎香肠的话，就没有必要这么做。而且用小火煎还可以使香肠受热、着色均匀。

将土豆煮成土豆泥

将土豆块放在一个装有足够凉水的大锅里，让凉水没过土豆块。煮沸，加入盐并用文火炖15~20分钟，直到土豆变软为止。

将洋葱切成薄片

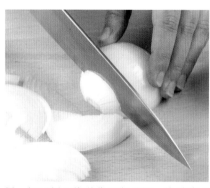

用一把厨师刀将洋葱纵向对切。将洋葱去皮，保留根部。将切成一半的洋葱的切面朝下放置并横着切成薄片。扔掉洋葱的根部。

大师课堂：

烤切猪肉

与其他的烤肉相比，烤猪肉的最大优点之一是它有酥脆的脆皮。您在做猪肉时，既可以在非常热的烤箱里将猪肉烤一段时间，也可以将猪肉去皮，将猪肉放在烤盘中，并在烤箱顶层的烤架上单独烤。我最喜欢将猪肉配苹果酱和皱叶甘蓝一起吃。

烤肉的诀窍

在烤肉前要将猪肉放回室温中。大多数适合烤炙的猪肉切块都是去骨的和被卷起来的，可以给猪肉填填料。通常，要按如下所示的方法慢烤猪肩肉，这样会令猪肉的口感格外细嫩、香醇。

如何烤切无骨的猪肩肉

1 为了做酥脆的脆皮,用一把非常锋利的刀在猪肉肉皮上刻上密密的平行的线。如果您愿意的话，也可以让商家来替您做这件事。

2 将大量粗海盐和现磨的黑胡椒撒在肉皮表面按摩，然后将少许橄榄油揉进肉皮。

3 将猪肉与洋葱、柠檬和香草一起放在一个烤盘中，猪肉带皮的一面朝上。烤猪肉（见165页），但不用往上淋油。检查是否烤透。

4 用一把切肉叉将肉牢牢按住，在脆皮（烤好的肉皮）和猪肉之间片下去，这样整个脆皮就会被完整无损地揭下来。

5 用一把厨房剪或一把锋利的刀将脆皮剪开（或切开），较短的薄片食用起来较方便。

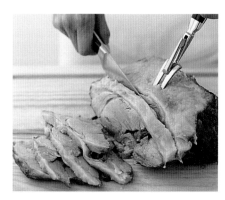

6 要想切肉，先将一把切肉叉刺入大块肉中以将肉稳固住，然后再像锯东西那样将切肉刀垂直向下切，将猪肉整齐地切成厚片。

新鲜的苹果酱

苹果酱是烤猪肉的传统搭档，很容易做。

将500克烹饪用的苹果去皮、去核并切成薄片，将这些薄苹果片与细细磨碎的1个柠檬的柠檬皮和2~3汤匙水一起放入锅中。紧紧地盖上锅盖并慢慢地煮10分钟左右，直到混合物变软为止。拌入30克细白砂糖并搅匀。搅打酱汁，直到酱汁变得光滑细腻，然后拌入15克黄油并搅匀（如果您喜欢的话）。苹果酱可在冰箱中盖盖储存3天。

猪肉填料

可以用猪腰肉和其他去骨的猪肉切块来卷美味可口的填料，在烹饪的过程中，填料能为猪肉增加水分和提味儿，使猪肉变得比较容易切割。将肉打开并将填料铺在上面，在边缘处留出一条明显的边，将猪肉卷起并每隔一定的间隙就用细绳将猪肉捆绑起来，以保持猪肉的形状。在切割前去掉细绳。

烤猪肉：最好的猪肉切块、温度和时间控制

先在高温烤箱中烤猪肉（除了猪腹肉和熏猪后腿之外）以形成酥脆的脆皮，然后用低温烤直到烤透为止。如果猪肉很快变成了棕色，就用铝箔将肉盖住。对于无骨的大块肉要掌握好时间，烘烤时间取决于猪肉的重量。

猪肉切块	描述	烤箱温度	时间控制	烤熟度指标
猪肩肉	带骨猪肉或无骨猪肉（见164页）；通常要慢慢烤	将烤箱预热到220℃，再将烤箱温度调至180℃	先烤30分钟，然后每450克猪肉需继续烤25分钟，外加20分钟 将猪肉静置20分钟	肉汁必须非常清澈（需要烤透）；测定肉内层温度的温度计显示为80~90℃
猪腿肉	大块黄金烤肉，或带骨烤，或剔去骨头并将肉卷起来烤	同猪肩肉	同猪肩肉	同猪肩肉
猪腰肉	肉质细嫩的带皮带骨猪腰肉，或去骨去皮的猪腰肉	同猪肩肉	同猪肩肉	同猪肩肉
猪腹肉	不贵的一块肥猪肉，去骨并卷成一大块肉；最好慢慢烤	将烤箱预热到150℃，再将烤箱温度调至220℃	先烤3~4小时，然后再继续烤30~35分钟，将肉烤成棕色 将猪肉静置20~30分钟	同猪肩肉
熏猪后腿	后腿上的一大块熏肉；市面上卖的猪后腿都是生的，需要煮熟（火腿需要烹饪或干腌）；可趁热端上桌也可以待熏猪后腿放凉以后再端上桌	将烤箱预热到220℃	每450克猪肉需在炉盘上煮30分钟，然后给猪肉去皮，在脂肪上画出纹路，并加入调料；烤20~25分钟，直到肉变得光滑亮泽 将猪肉静置20~30分钟	同猪肩肉

农舍派

　　这是一道真正的家常菜经典。如果没有一瓶打开的红葡萄酒，我往往会用一瓶不是很贵的波特酒，在我的食橱里通常都会备一瓶波特酒，因为作为一种加强型葡萄酒，波特酒易于保存。我喜欢为这道菜配以西兰花等绿色蔬菜，因为这样的颜色搭配让人更有食欲。

原料

6人份

1汤匙植物油

1个大洋葱，去皮并切碎

750克牛肉馅

2根胡萝卜，去皮并切丁

1根芹菜秆，修剪好并切丁

115克栗蘑，切碎

150毫升红葡萄酒

30克普通面粉

300毫升牛肉高汤（见146页）

1汤匙红醋栗果酱

1汤匙伍斯特沙司

2茶匙新鲜的百里香

制作浇头所需的原料

900克很面的土豆，如玛丽斯·派帕或爱德华国王等品牌的土豆，去皮并切成大块

30克黄油，外加表面用的额外的小块黄油

约4汤匙热牛奶

盐和现磨的黑胡椒

每份含

卡路里：540

饱和脂肪：13克

不饱和脂肪：15克

钠：250毫克

烹饪方法

1 给大炒锅中的植物油加热。加入洋葱，炒至洋葱开始变为棕色。放入牛肉馅，按如下所示的方法将肉馅炸成棕色，然后再加入胡萝卜、芹菜和栗蘑，炒1分钟。倒入葡萄酒，用大火煮，令其沸腾2~3分钟，直到剩下约三分之一的葡萄酒为止。撒入面粉，煮1分钟左右，在煮的过程中要不停地搅拌。

2 倒入高汤并拌至浓稠。混入红醋栗果酱、伍斯特沙司和百里香。改文火盖盖炖煮45分钟至1个小时。

3 同时，制作浇头：将土豆放在装有沸腾盐水的大锅中煮15~20分钟，直到土豆变软。先将土豆在滤器中沥干，再将其放回锅中，按如下所示的方法将其捣烂。将烤箱预热到200℃。

4 品尝牛肉混合物的味道如何，如有必要，再做调整。用匙将其舀进一个大的烤盘中。

5 当牛肉微凉时，将土豆泥涂抹在其顶部，并用叉子在其表面划出旋涡状的图案。上面点缀上额外的一小块黄油，然后烘焙20~25分钟，或直到土豆变为金色，肉开始冒泡。

将肉馅炸成棕色

给锅中的油加热，当油热时，加入牛肉馅，用一把木勺将其打碎。炸并不停地搅拌，直到肉不再是粉红色为止。

制作奶油土豆泥

用土豆捣碎机将土豆和黄油、热牛奶一起捣碎。用手持搅拌器来做额外加乳的土豆泥。加入盐和黑胡椒调味。

羊小腿肉配红葡萄酒酱汁

　　如果您想做点可以提前准备的菜肴，作为非正式的午餐，这道菜是相当美味了。它还能被很好地冷冻起来。它需要在烤箱里慢慢地烤很长时间，待羊腿肉变得细嫩可口时，便可享用了。如配着土豆泥一起吃，味道就更好了。

原料

6人份

2汤匙橄榄油

6块小羊腿肉（每块约275克）

2个洋葱，去皮并切成薄片

1根大胡萝卜，去皮并切成薄薄的圆片

2瓣蒜，去皮并碾碎

1汤匙细细切碎的新鲜迷迭香

50克普通面粉

300毫升红葡萄酒

300毫升鸡肉高汤（见126页）

1汤匙番茄酱

1汤匙伍斯特沙司

1汤匙不是很甜的黑砂糖

每份含

卡路里：446

饱和脂肪：7.5克

不饱和脂肪：12.5克

钠：243毫克

烹饪方法

1 将烤箱预热到160℃。将1汤匙橄榄油倒入带盖的大煎锅中或耐火的砂锅中，用大火给油加热。分两批煎炸羊小腿肉，直到它们变成金色。用笊式漏勺将羊小腿肉移到盘子中并放在一旁备用。

2 给锅中剩余的橄榄油加热，加入洋葱和胡萝卜并翻炒直到洋葱开始变软。加入蒜和迷迭香并炒30秒左右，不停地搅拌。

3 在小碗中，将面粉和少许红葡萄酒混合在一起做成光滑细腻的酱。将酱和剩余的葡萄酒及高汤一起加入锅中并搅拌，直到酱变得浓稠。

4 加入番茄酱、伍斯特沙司和黑砂糖。此时，酱会变得非常浓稠。将羊小腿肉再放回到锅中并将酱煮沸。

5 用锅盖盖住锅。如果您用的是砂锅，将其转移到烤箱中加热2.5~3小时。两个小时之后检查羊肉是否完全变嫩，达到几乎脱骨的状态。如果您用的是一个很深的煎锅，继续在炉盘上用小火炖3个小时左右并不时地搅拌。

将胡萝卜切成圆片

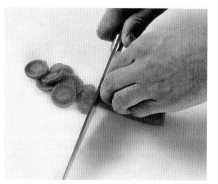

用一把厨师刀将胡萝卜横切成圆形薄片。为了能又快又好地做好这道菜，胡萝卜圆片的厚度要控制在5毫米左右。

将迷迭香切碎

将迷迭香的叶子从木本茎上摘掉并将其聚为一堆。按住顶端刀背，使刀刃对着菜板，前后摇晃刀片，将迷迭香的叶子切碎。

大师课堂：

烤切羊肉

烤羊肉是周日午餐里受人喜爱的一道菜，尤其是在春季，因为春季的羊肉最嫩，入口即化，而且味道也最好。我常常为这道菜配以薄荷味的豌豆和小胡瓜（见212~213页）、烤土豆（见172~173页）、肉汁及薄荷酱。

烤肉的诀窍

在烤羊肉前要至少提前30分钟将羊肉从冰箱中取出；如果羊肉是冻着的，就需要较长的时间才能将肉烤熟，这样就变成了蒸肉而不是烤肉。在烘烤后，要将羊肉静置一段时间，这样会锁住肉汁，使肉切起来比较容易。

如何烤切羊腿

1 选一把锋利的刀，用小而锋利的刀尖在大块肉有肥肉的一面切深深的切口。将迷迭香小枝和纵向对切的蒜瓣插到切口中。

2 将橄榄油刷在肥肉上，并撒上大量的盐和黑胡椒调味。将大块肉放在一个大烤盘中并放入预热过的烤箱中（见171页）。

3 烤羊肉，在烤到一半的时候给烤肉浇点汁。当肉烤到您喜欢的程度时，将大块肉转移到案板上，盖上铝箔，在切割之前将其放在温暖的地方静置一会儿。

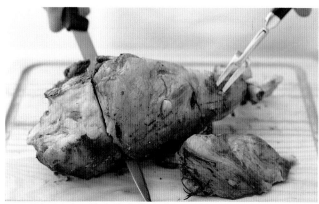 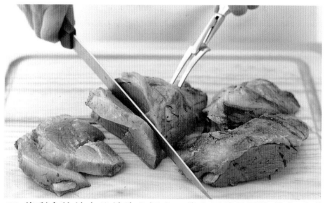

4 在切割时，将大块肉带肉的一面朝上并切掉大腿前面的部分，切的时候要用刀沿着骨头切。将肉翻面，采用同样的方法来切另一侧的肉。

5 将剩余的羊肉从骨头上切去。将去了骨的厚块羊肉平平的切面朝下放置并垂直切成厚片。将切好的羊肉片放在温热的大浅盘中，准备端上桌。

170

新鲜的薄荷酱

新鲜的薄荷酱是烤羊肉的传统搭档。自制的薄荷酱味道更好。

剥去一束新鲜的薄荷上的叶子并用一把厨师刀或半月形刀（半月形砍刀）将这些叶子细细切碎。您大约需要3汤匙切碎的薄荷。在锅中依个人口味添加1~2汤匙的细白砂糖并倒入2~3汤匙的沸水。搅拌2~3分钟。依个人口味加入1~2汤匙白葡萄酒醋。在上菜前搁置1个小时左右。

给羊肉加填料

如果您让屠夫去掉了羊腿骨和羊肩骨，您可以给羊肉加填料，这能使羊肉的味道更鲜美，更多汁，也更容易切割。有两种给大块羊肉加填料的方法。您既可以保留羊肉完好无损并将填料塞进肉里（如图所示那样），也可以将羊肉切开铺平，涂上填料，然后再将大块肉卷起来，安全起见，可以用细绳将肉捆好（如165页所示）。

烤羊肉：最好的羊肉切块、温度和时间控制

在烤箱中用高温快速烤羊腿肉、羊脊肉和羊肩肉，直到肉表面变成棕色，然后将火调小，烤到羊肉变嫩。如果羊肉很快就变成了棕色，就在羊肉上盖上铝箔。烘烤的时间取决于羊肉的重量，烤到羊肉略呈粉红色。

羊肉切块	描述	烤箱温度	时间控制	烤熟度指标
羊腿肉	非常适合烧烤的带骨的（见170页），或去骨并卷起的羊肉切块	将烤箱预热到220℃，再将烤箱温度调至180℃	20分钟，然后每450克羊肉需继续烤20分钟，外加20分钟 将羊肉静置15~30分钟	肉汁将略呈粉红色；测定肉内层温度的温度计显示为75℃
羊脊肉	带骨的，或去骨并卷起的大块烤肉，最贵	同羊腿关节周围的肉	同羊腿关节周围的肉	同羊腿关节周围的肉
羊里脊片/精品羊肉	瘦而嫩的里脊肉；贵且易熟	将烤箱预热到220℃	给炒锅中的油加热，将羊肉炒成棕色，然后再烘烤8~10分钟 将羊肉静置5~10分钟	同羊腿关节周围的肉
羊肩肉	可以是整块羊肩肉，也可以被减半成刀片形或指节形；带骨的，或去骨并卷起的；有时会很肥	同羊腿关节周围的肉	同羊腿关节周围的肉	同羊腿关节周围的肉
颈部肋条	当修整好并去掉脊骨后，颈部肋条就变成了羊排（见176~177页）。两扇肋排靠在一起会形成仪仗队形；两扇肋排也可形成圆圈形，若加上填料，就成为皇冠羊排（把羊肋条穿成王冠形花式烧烤）	羊排： 将烤箱预热到220℃（另见176页）	给炒锅中的油加热，令羊肉带皮的一面朝下，将羊肉炒成棕色，然后再烘烤25~30分钟 将羊肉静置10分钟	同羊腿关节周围的肉

羊扒配新鲜薄荷和红醋栗果酱

这些羊扒成为晚餐上的佳肴，与酥脆可口的烤土豆（见下面的说明）搭配在一起味道极佳。您可以先烤土豆，在您准备吃饭前再炒羊扒，并做薄荷和红醋栗果酱。

原料

4人份

4块羊扒，修整好
盐和现磨的黑胡椒
100毫升红葡萄酒
2汤匙切碎的新鲜薄荷
1汤匙红醋栗果酱

每份含

卡路里：256
饱和脂肪：5克
不饱和脂肪：7克
钠：107毫克

烹饪方法

1 用大火给一个空的不粘锅加热2分钟，或直到锅变得滚烫。给每块羊扒的两侧都撒上盐和黑胡椒调味，然后将羊扒放在热锅中。

2 将火调至中火并将定时器设为3~4分钟，时间的设定取决于羊扒的厚度及您喜欢吃什么样的羊扒。设定的时间一到，将羊扒翻面，并再次将时间设为3~4分钟。将羊扒取出，移到一个盘子中，并保持温热。

3 将红葡萄酒倒入锅中煮，直到葡萄酒减至5汤匙或6汤匙。加入薄荷和红醋栗果酱，搅拌至果酱融化。品尝味道如何，调味。将羊扒放在4个上菜盘中，将酱汁浇在羊扒上并与烤土豆和绿色蔬菜一起端上桌。

我是如何做酥脆的烤土豆的

1 将烤箱预热到220℃。将1千克去了皮、切好的面土豆放在一锅凉水中，将其煮沸，加入盐，用文火煮5分钟，沥干。将土豆再放回锅中，并将其边缘晃松软。

2 将3汤匙鹅油放在一个烤盘中并放在烤箱中加热5分钟左右，直到鹅油变得非常热。将烤盘取出，加入土豆，给土豆裹上一层热油。将烤盘重新放入烤箱中加热5~10分钟。

3 轻轻地摇晃烤盘（这样土豆就不会粘在烤盘上），然后再烤45分钟，不停地翻转。当土豆变得酥脆可口，呈金棕色并完全烤透时，用一个篦式漏勺将其取出。

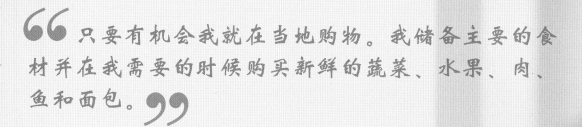

"只要有机会我就在当地购物。我储备主要的食材并在我需要的时候购买新鲜的蔬菜、水果、肉、鱼和面包。"

香草皮裹羊排

这道在特殊场合做的烤肉配烤土豆（见172页）或土豆饼（见208~209页）和绿色蔬菜一起吃味道好极了。将羊肉放在烤架上烤会使羊肉滑嫩多汁。

原料

6人份

2扇羊排
1个搅打过的大鸡蛋
45克新鲜的白色面包屑（见96页）
2汤匙细细切碎的新鲜欧芹
2汤匙细细切碎的新鲜薄荷
2棵青葱，细细切碎
1瓣蒜，去皮并碾碎
1个柠檬的柠檬皮，磨碎
盐和现磨的黑胡椒

每份含

卡路里：385
饱和脂肪：11克
不饱和脂肪：11克
钠：197毫克

烹饪方法

1 将烤箱预热到200℃。如有必要，按如下所示的方法去掉每扇羊排上多余的肥肉，并将搅打过的鸡蛋刷在剩下的肥肉上。

2 在一个碗中将面包屑、香草、青葱、蒜和柠檬皮混合在一起。加入盐、黑胡椒和1汤匙剩余的搅打过的鸡蛋，并将它们混合在一起揉成一个湿面团。将面团一分为二。将一份面团覆盖在每扇羊排有肥肉的一面上。

3 将羊排放在一个烤盘上，带香草酥皮的一面朝上，骨头朝中间。

4 三分熟的羊肉需要烤20分钟，半熟的羊肉需要35分钟，全熟的羊肉则需要40分钟。

5 将羊排从烤箱中移出，用铝箔盖好，先将其放在一个温暖的地方静置10分钟，然后再将羊排切成羊肉片，每人一份。

关于羊排

亦被称为颈部肋条，羊排是适合烘烤或烧烤的较嫩的大块肉。一扇羊排是一侧的上肋，常常包括6~9根肉排。通常，屠夫们在卖羊排时都会将脊骨和羊皮去掉，并将肋骨剔净，剔出羊肉。

修整羊排

用一把锋利的厨师刀，剔掉羊排上的大部分肥肉。不要将肥肉全部剔除，因为带点肥肉的羊排会令羊肉滑嫩多汁，味道更鲜美。

将薄荷切碎

将薄荷放在切菜板上并用半月形刀前后晃动。如果您没有半月形刀，就用厨师刀。

羊肉炖锅

由于面粉需要醒一会儿才能变得松软，因此最好提前做这道菜。你不需要做很特别的炖菜——用一个耐火的大砂锅做出的菜就很好了。我曾用羊肩肉来做这道菜，因为羊肩肉脂肪交杂呈大理石花纹状并且味道极佳，但您也可以用羊颈肉片。

原料

6人份

2汤匙葵花籽油

2个大洋葱，去皮并细细切碎

2瓣蒜，碾碎

750~1000克去骨羊肩肉，修整好并切成4厘米见方的立方体

25克普通面粉

2茶匙磨碎的红辣椒

2茶匙磨碎的莳萝

2茶匙磨碎的桂皮

2茶匙磨碎的姜黄

盐和现磨的黑胡椒

400毫升番茄酱

250克可即食的干杏，切半

2汤匙切碎的新鲜平叶欧芹，做装饰

每份含

卡路里：452

饱和脂肪：11克

不饱和脂肪：16克

钠：237毫克

烹饪方法

1 将烤箱预热到160℃。给大锅或耐火的砂锅中的油加热。加入洋葱和蒜并用中火炒10分钟，或直到洋葱变成金色，不时地搅拌。

2 将羊肉块加到锅中，然后撒入面粉、红辣椒、莳萝、桂皮、姜黄、盐和黑胡椒。将羊肉翻炒5分钟。

3 将番茄酱倒入量杯中，并添凉水至600毫升处。将混合物倒在羊肉上，搅拌。加入干杏。

4 给混合物加热，直到有少量气泡出现，然后将锅盖盖上并放在烤箱中加热约2.5小时，或直到羊肉变嫩。

5 按如下所示的方法制作蒸粗麦粉，并将羊肉和新做好的蒸粗麦粉一起端上桌并装饰上切碎的平叶欧芹。

我是如何做易消化而又松软的蒸粗麦粉的

1 在容量为2.5升的锅中，将600毫升的水煮沸。在沸水中加入1.5茶匙盐，1.5汤匙的橄榄油和375克的蒸粗麦粉。

2 将锅从火上移开，搅拌并盖上锅盖。将其搁置5分钟后再移到炉盘上用中火煮，用叉子搅拌3~5分钟。

意大利面与米饭

意式肉酱面

波隆那肉酱是以意大利北部城市博洛尼亚命名的，它是一种由多种食材混合而成的肉酱，以牛肉和混合蔬菜为主——混合蔬菜是将芹菜、洋葱、胡萝卜和蒜细细切碎后构成的混合物。在这里，我将波隆那肉酱与意大利细面条搭配，但在意大利，更传统的做法是与较粗的意大利面相搭配，如意大利干面条、笔尖面或波纹贝壳状通心粉等。

 6人份   准备时间：10分钟   烹饪时间：75~90分钟

原料

1小根芹菜茎，修剪好
1个洋葱，去皮
1根胡萝卜，去皮
2大瓣蒜，去皮
2汤匙橄榄油
25克黄油
500克牛肉馅
1汤匙普通面粉
3汤匙番茄酱
150毫升牛肉高汤（见146页）
150毫升红葡萄酒
一罐400克切碎的番茄
肉豆蔻
盐和现磨的黑胡椒
500克意大利细面条
磨碎的帕玛森干酪，备用

特殊设备

一个用来做肉酱的深而沉的锅或砂锅和一个用来做意大利面的容量为5升的锅。虽然意大利面钳很有用，但却并非特别重要。

每份含

卡路里：567
饱和脂肪：10克
不饱和脂肪：16克
钠：173毫克

厨师笔记

购物诀窍

新鲜的帕玛森干酪虽然特别贵，但却比较为便宜的事先磨碎的干酪高级得多。买厚块的干酪，您既可以用箱式磨碎机将其磨碎（至于是磨成细屑还是粗屑，您可以自己决定），也可以在您需要的时候用蔬菜削皮器将干酪削成螺旋状。

提前准备

您可以将肉酱放在冰箱里盖盖保存3天，或放在冰柜里盖盖储存3个月。

准备蔬菜

 准备时间：10分钟

剥去并扔掉芹菜茎后的韧筋，用一把厨师刀将芹菜、洋葱和胡萝卜细细切碎。用压蒜器将大蒜压碎。

炸蔬菜和肉

🕐 烹饪时间：10分钟

成功关键
　慢火煮混合蔬菜，因为这会充分释放各种蔬菜的味道。

1 将油倒入深而沉的锅中，然后加入黄油。将锅置于中火上，直到黄油开始融化、起沫。调至小火。

2 将蔬菜加到油和黄油中并用小火煮，不停地搅拌，大约5分钟后或待蔬菜变软但却没有变成棕色时起锅。

3 将牛肉加入煮软的蔬菜中，用一把木勺将牛肉馅打散，然后煮至牛肉馅变得不再鲜红，不断地搅拌。撒上面粉并搅匀。

大师食谱/Master Recipe

制作酱汁

🕐 烹饪时间：1.25小时

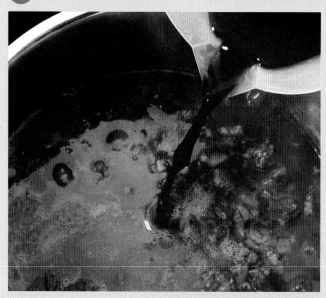

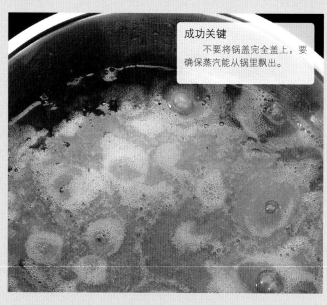

> **成功关键**
> 不要将锅盖完全盖上，要确保蒸汽能从锅里飘出。

1 加入番茄酱、牛肉高汤、红葡萄酒和番茄。将肉豆蔻磨碎机放在锅的上方，加入大约8个新鲜的肉豆蔻。加入盐和黑胡椒。

2 将酱汁煮沸，不停地搅拌，然后调至小火，用非常小的火给混合物加热，相当于用文火炖。半盖锅盖。

> **成功关键**
> 请不要缩短炖煮时间。这是做好美味的波隆那肉酱的秘诀。

> **成功关键**
> 如果在最后在酱汁上有多余的脂肪，可以用厨房纸将其吸掉。

3 将酱汁炖1个小时左右，大约每隔15分钟搅拌一次，以检查混合物是否粘住锅底。如果粘锅了，就加一点水并搅拌均匀。

4 酱汁将变得浓稠而光滑。品尝味道如何并调味。保持酱汁温热并按说明来做意大利面。将酱汁浇在意大利面上并拌匀。

"由于富含多种食材的波隆那肉酱是做许多意大利美食的基础，因此值得被掌握。"

青菜拌面

　　Primavera意指"春"，因此，当芦笋正当令时，我常用它来做春季午餐。要想在其他时节做这道菜，仅需变换绿色蔬菜即可——或许您可以用西兰花来代替芦笋。如果用新鲜的意大利面，就煮3分钟左右。

原料

4~6人份

1个红辣椒，切半并去籽
1个大洋葱，去皮并大致切碎
225克芦笋，修剪好并切成2.5厘米长的段
100克蜜豆，纵向对切
300克干通心粉
100毫升高脂厚奶油
60克帕玛森干酪，大致切碎
盐和现磨的黑胡椒
用半个柠檬榨的柠檬汁
25克烤松子仁
1汤匙撕碎的新鲜罗勒叶

每份含

卡路里：538
饱和脂肪：12克
不饱和脂肪：12克
钠：131毫克

烹饪方法

1 炭烤红辣椒：将切半的红辣椒放在一个热烤架下，离火10厘米远烤10分钟，直到烤焦为止。将其密封在一个塑料袋中并放凉。将红辣椒去皮并扔掉。将辣椒肉切成大片。

2 将洋葱放入一锅加了盐的沸水中煮10分钟。9分钟之后加入芦笋，再另煮一分钟，然后加入蜜豆并煮2分钟。控干，用凉水冲净并摇匀。

3 按如下所示的方法煮通心粉，然后将其与蔬菜一起放回锅中。加入红辣椒、奶油和帕玛森干酪，调味并充分混合。挤榨柠檬，撒上松子仁和罗勒并端上桌。

将通心粉煮至完美

1 在一个容量为5升的锅中将3升的水煮沸。加入3茶匙盐，然后加入通心粉并将混合物煮开。

2 用大火开盖煮，边煮边用匙搅拌，以防通心粉粘在一起，煮到推荐的时间（约10~15分钟）。

3 在时间快到了之前，取出一些通心粉并用手捏或尝尝。它应该是柔软的，但要有点嚼头。

4 将锅从火上移开，并用一个大滤器将面滤干。用力摇晃滤器以滤去尽可能多的水分。

意大利干面条配番茄酱

　　如果您买不到真正熟透的、新鲜多汁的番茄，最好用罐装的番茄，但如果您的番茄供过于求，就用几磅新鲜的番茄来代替。先给番茄去皮并将其切碎，保留番茄籽。为了增加菜的色泽，可加些番茄酱。

原料

6人份

2汤匙橄榄油

1个大洋葱，去皮并细细切碎

2罐400克的切碎的番茄

2茶匙细白砂糖

1茶匙切碎的新鲜百里香

1片月桂叶

盐和现磨的黑胡椒

500克干的意大利干面条

小的新鲜罗勒叶，做装饰

磨碎的帕玛森干酪，备用

每份含

卡路里：373

饱和脂肪：1克

不饱和脂肪：5克

钠：56毫克

烹饪方法

1 在中等大小的平底锅里给油加热，直到油变热。加入洋葱并用小火煮，或直到洋葱变软但却没变成棕色为止，不时地搅拌。

2 做番茄酱：在锅中加入番茄、糖、百里香、月桂叶、盐和黑胡椒。拌匀。用大火煮沸，然后调成小火并掀开锅盖，用文火慢慢煮30分钟左右，或直到混合物变得浓稠，不时地搅拌。

3 取出月桂叶并检查味道如何。在煮意大利干面条时，要用小火保持面条滚烫。在滤器中将意大利干面条控干，然后将其放在一个温热的大碗中。浇上番茄酱并颠锅，使面条和番茄酱充分混合。立即上菜，撒上罗勒叶和帕玛森干酪。

切洋葱最好的方法

1 用一把厨师刀将洋葱纵向切半。给洋葱去皮，留下根部。

2 按住被切成一半的洋葱，切面朝下。横着切两三刀，切向根端但不要切穿。

3 现在垂直地切洋葱，穿过各层向下切，仍然是切向根端但不要切穿。

4 在沿着垂直的洋葱切片横着切就得到了等大的小立方体。扔掉根端。采用同样的方法切另一半洋葱。

肉酱千层面

　　做好千层面的关键是掌握好面和酱汁的平衡点。我发现两层的千层面配这个数量的波隆那肉酱和白沙司是最为理想的。为了做出各式各样的面，您可以尝试绿色的千层面，这种面里含有菠菜。

原料

4人份

黄油，用以涂抹
1大份波隆那肉酱（见182~185页）
50克帕玛森干酪，磨碎
大约6层无须提前做的干的意大利千层面

制作600毫升白色酱汁所需的原料

40克黄油
40克普通面粉
600毫升热牛奶
盐和现磨的黑胡椒
几个肉豆蔻

每份含

卡路里：772
饱和脂肪：22克
不饱和脂肪：21克
钠：550毫克

关于白沙司

　　白沙司，亦称白汁，是许多法国菜和意大利菜的主要原料，而且也是许多其他酱汁的基础，如奶酪白汁就是在白汁中加上奶酪。在这个做千层面的食谱中，酱汁的稠度是中等黏稠度。如果您想做较稀的酱汁，就用30克黄油和30克面粉；如果您想做较稠的酱汁，就用50克黄油和50克面粉。

烹饪方法

1 将烤箱预热到190℃。给25厘米长、20厘米宽和5厘米深的烤盘涂上黄油。

2 按如下所示的方法那样做白沙司。将三分之一的波隆那肉酱倒入盘底，然后再将1/3的白沙司浇在波隆那肉酱上。撒上三分之一的干酪。盖上一层千层面，但不要让它们重叠。

3 重复波隆那肉酱层、白沙司层、干酪层和千层面，然后将这些层再重复一次，最后以干酪层结束。将千层面烘焙30分钟左右，直到千层面起泡并变为金棕色。

制作光滑细腻的奶油白沙司

1　用中火给锅中的黄油加热，直到黄油融化冒泡为止。撒入面粉。

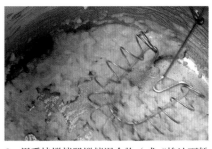

2　用手持搅拌器搅拌混合物（或"掺油面粉糊"）1~2分钟。将锅从火上移开。

3　慢慢加入热牛奶并不停搅拌。将火调至中火并搅拌至混合物沸腾、变稠为止。

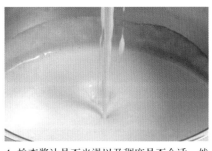

4　检查酱汁是否光滑以及稠度是否合适，然后用盐、黑胡椒和肉豆蔻调味。

玛丽的成功秘方
意大利面与米饭

1 从超市买来的新鲜意大利面比干意大利面更容易煮熟，但高品质的干意大利面最适合做经典的意大利美食。最好的意大利面产于意大利，是用100%的硬质小麦做的。

2 酱汁与意大利面一定要相匹配。长线形的意大利面最好与以橄榄油为基础的稀酱汁搭配，这是因为橄榄油能让一缕缕的面保持光滑并不粘连在一起，而长且扁平的缎带状的意大利面则常常配奶油酱。短的管状意大利面与味浓量大的酱汁搭配在一起味道最好，并且还要放在烤盘中烘烤。而加填料的意大利面最适合配简单的酱汁，这样酱汁能补充而不是盖过填料的味道。

做通心粉，186页

3 做意大利面的黄金法则是：用一个大炖锅，添许多水，待水沸腾后，加入许多盐。不要节省盐。作为指南，每100克意大利面用1升水和1茶匙盐。

4 为了检查意大利面是否煮熟，我常常取出一根来尝——煮好的意大利面应该是虽软但还有点硬。意大利人将这样的面称为"al- dente"，直译过来为"咬起来有嚼劲"。

192

肉酱千层面，190~191页

5 彻底将意大利面沥干，尤其是通心粉，如笔尖面、波纹贝壳状通心粉和贝壳面等，因为它们储水。通常情况下，一将意大利面沥干就马上对其进行加工处理，不能让意大利面变干。

6 如果您打算在一个烤盘中烤意大利面，在将它与酱汁混合之前先将其微煎，以防意大利面在烤箱里被过度烘烤。

7 意大利人常常将一汤匙煮意大利面的水溅入酱汁中；水中的淀粉能帮助酱汁紧贴在意大利面上。

8 在做米饭的时候，我发现量杯是测量数量最简单、最准确的方式。

西班牙什锦饭，200~201页

9 在煮沸前后，长粒大米（如印度香米）都应该被清洗干净，以除去黏黏的淀粉。在做饭之前及水沸腾之后都用冷水将米洗净。

10 应该在食用当天做米饭，这是因为米饭易受毒素的影响，这会引起食物中毒。

素馅千层面

这道菜与传统千层面截然不同，非常值得一试。我在开派对的时候常常既做素馅千层面又做肉酱千层面，它们都一样受欢迎。出于多样化的考虑，可以将一些蘑菇替换为冬南瓜。

原料

4人份

黄油，用以涂抹
500克冷冻的大叶菠菜，解冻并沥干水
600毫升辛辣的白沙司（见190页）
200克埃曼塔拉奶酪，磨碎
大约6层无须提前做的干的意大利千层面

制作蘑菇酱所需的原料

2汤匙橄榄油
1个大洋葱，去皮并切碎
350克纽扣蘑菇，修剪好并切成片
2大瓣蒜，去皮并碾碎
40克普通面粉
一罐400克的切碎的番茄
1茶匙糖
盐和现磨的黑胡椒
1汤匙撕碎的新鲜罗勒

每份含

卡路里：668
饱和脂肪：20克
不饱和脂肪：17克
钠：604毫克

烹饪方法

1 制作蘑菇酱：油置不粘食物的炒锅中，给油加热，待油热后加入洋葱，并用中火加热5分钟左右，或直到洋葱刚刚变成棕色为止。加入蘑菇和大蒜，搅拌，然后煮5分钟左右。撒入面粉并搅匀。

2 加入番茄、糖、盐和黑胡椒。煮沸，然后将火调小，用文火不盖盖煮15分钟左右，或煮到酱汁变少、变浓为止。

3 将烤箱预热到190℃。将25厘米长、20厘米宽、5厘米深的烤盘涂上黄油。

4 将撕碎的罗勒拌入蘑菇酱。将三分之一的酱汁涂在盘子底部。

5 用手指将三分之一的菠菜撒在蘑菇酱上。将三分之一的白沙司涂在盘中的菠菜上，然后撒上三分之一的奶酪。

6 盖上一层千层面，不要重叠。这道菜大概需要3张千层面，但您也许得将它们切成合适的大小。

7 按先前的顺序一层层地加入蘑菇酱、菠菜、白沙司、奶酪和千层饼，然后再重复一遍，最后一层撒奶酪。烘焙30分钟左右，或直到千层饼变为金棕色。

清洗、修剪蘑菇并将蘑菇切成片

1 用湿布擦蘑菇，去掉土（不要洗）。用一把去皮刀切掉蘑菇茎。

2 将每个蘑菇有茎的一面向下放在菜板上。用一把厨师刀向下切，将蘑菇切成薄厚均匀的片。

干酪通心面配圣女果浇头

这是晚饭时的一道完美佳肴，我喜欢配带脆皮的法式面包一起吃。您可以改变奶酪的做法：例如，如果您有剩余的卡门贝软乳酪或布里干酪，将它们带皮冷冻，趁着它们还被冻着时将它们磨碎，然后再将干酪加入酱汁中。

原料

4人份

30克黄油，外加额外的黄油用于涂抹
200克被切短的通心面
30克普通面粉
600毫升热牛奶
115克酿熟的切达干酪，磨碎
60克帕玛森干酪，磨碎
1圆茶匙第戎芥末酱
盐和现磨的黑胡椒
12个圣女果，切半
1汤匙切碎的新鲜欧芹，做装饰

每份含

卡路里：543
饱和脂肪：17克
不饱和脂肪：11克
钠：496毫克

烹饪方法

1 将烤箱预热到200℃。在中等大小的浅烤盘上稍微涂些黄油。将通心面放在一锅装有沸腾的盐水的锅中煮10分钟左右（或按照包装上的说明煮），直到面稍稍变软为止，煮的过程中要不时地搅拌。将面沥干并放在一旁备用。

2 在煮通心面的时候，将黄油放在大锅中融化。撒上面粉，煮1~2分钟，煮的过程中要不停地搅拌。将锅从火上移开并慢慢地拌入牛奶，搅匀。将锅再置于火上，将混合物煮沸，不停地搅拌，直到混合物变黏稠为止。将火调小，用文火煮4~5分钟，频繁地搅拌，直至酱汁变得浓稠且光滑细腻。

3 将酱汁从火上移开。将两种奶酪混合在一起。将芥末酱和大部分干酪（留一把干酪做浇头）、通心面一起拌入酱汁中，然后加盐和黑胡椒调味。

4 舀一些干酪通心面，将其放在烤盘中，然后撒上被切为一半的圣女果和预留的干酪。加黑胡椒调味。烘焙15~20分钟，直到面变成金黄色并起泡为止。要想让浇头的颜色呈棕色，在热烤架上烤的时间短点。点缀上欧芹。

将干酪磨碎

用刨丝器的粗面来磨干酪。大的孔能让这项工作变得较快，较容易，而又减少浪费。

准备圣女果

在冷自来水下冲洗圣女果，将水分沥干并切半。在使用前确保它们完全干燥。

意式蘑菇烩饭

意式烩饭是工作日餐饮，您可以在您回家的路上购买做饭用的原料，40分钟之内您就可以将这道菜端上桌。如果您喜欢给米饭增添一点色彩的话，还可以在最后加入高汤，搅拌的时候加一点冷冻过的豌豆。

原料

4人份

10克干的牛肝菌菇

50克黄油

1个小洋葱，去皮并细切碎

2瓣蒜，去皮并细切碎

1茶匙细细切碎的新鲜迷迭香，外加额外的迷迭香做装饰

250克栗蘑，切片

300克意式烩饭，如艾保利奥米

150毫升白葡萄酒

约1.2升热的蔬菜高汤（见30页）

90克帕玛森干酪，磨碎，外加额外的帕玛森干酪备用

盐和现磨的黑胡椒

一把芝麻菜，做装饰

每份含

卡路里：567

饱和脂肪：11克

不饱和脂肪：7克

钠：583毫克

做出完美意式烩饭的诀窍

不停地搅拌烩饭，使其细腻均匀且多汁。尝一粒米，检查烩饭是否做好了：做好的烩饭很柔软但仍有一点儿硬。

烹饪方法

1 按如下所示的方法浸泡牛肝菌菇。同时，将黄油放在一个大宽锅或深的炒锅中融化，加入洋葱、大蒜、迷迭香和栗蘑，用中火微煮4~5分钟，不时地搅拌，直到洋葱和栗蘑变软但还没有变为棕色为止。

2 拌入米饭搅匀，这样所有的米粒就都被菜裹上了，一边搅拌一边煮，煮1~1.5分钟。将温度略微调高，然后倒入葡萄酒并一直搅拌，直到葡萄酒全蒸发掉。将牛肝菌菇大致切碎并将其与泡过牛肝菌的水一起加到米饭中。再次搅拌，直到大部分液体消失。

3 倒入一满勺热高汤慢煮，不时地搅拌，直到高汤被吸收。继续倒入高汤，每次倒一勺，每次都等高汤被彻底吸收后再倒另一勺。重复此项操作，直到（如果不是所有的高汤，就等）大部分高汤都被用完，米饭稍稍变软为止。这将持续18~20分钟。

4 将锅从火上移开。拌入干酪搅匀，依个人口味调味，并放在一旁，盖盖静置2~3分钟。如果您还剩有一些高汤，就将一汤匙高汤浇在米饭表面，让烩饭保持湿润。

5 轻轻搅拌，撒些干酪、磨碎的黑胡椒、少许细细切碎的迷迭香和一些芝麻菜菜叶，再端上桌。

浸泡牛肝菌菇

将牛肝菌菇放入150毫升的沸水中，静置浸泡15~20分钟，然后滤出泡过牛肝菌菇的水并保留。

用文火炖高汤

当您将高汤加入米饭中时，为了保证高汤始终是热的，将其全部倒进一个大锅中，并用非常小的小火让其保持沸腾。

西班牙什锦饭

在这道西班牙菜中，按传统方法将鸡肉、海鲜和口利左香肠混合在一起取得了非常好的效果。西班牙什锦饭有着略不好嚼的质地，是意大利意式烩饭的西班牙等价物。如果您无法做西班牙什锦饭，也可以用艾保利奥米来代替。

原料

4人份

一大撮藏红花丝
约1汤匙橄榄油
150克口利左香肠，大致切碎
2块去皮、去骨的鸡胸脯肉，切成5厘米的鸡肉块
1个洋葱，去皮并切碎
2瓣蒜，去皮并细细切碎
1个红辣椒，切半、去籽并切碎
1茶匙辣椒粉
350克西班牙什锦饭
900毫升热的鸡肉高汤（见126页）
3个番茄，去皮、去籽并大致切碎
85克冻豌豆
150克整只煮好的对虾，带壳带头
300克活贻贝，洗净
盐和现磨的黑胡椒
一把切碎的新鲜平叶欧芹，备用
楔形柠檬块，备用

每份含

卡路里：688
饱和脂肪：5克
不饱和脂肪：10克
钠：824毫克

烹饪方法

1 将藏红花放在2汤匙热水中浸泡至少10分钟。同时，将油置于做什锦饭的锅中或大而深的不粘食物的煎锅或炒锅中，并给油加热。加入口利左香肠，并煎2~3分钟，直到香肠变得酥脆。用笊式漏勺将香肠取出，在厨房纸上沥干并放在一旁备用。

2 将鸡肉放在锅中，用煎香肠剩下的油在中火上将鸡肉煎8~10分钟，直至整块鸡肉全变成棕色。加入洋葱和大蒜，并炸4~5分钟，直到洋葱开始变为棕色。拌入红辣椒、辣椒粉和西班牙什锦饭，搅匀并用大火再炒1分钟。

3 拌入高汤、带汤藏红花和番茄。煮沸，然后调小火，用文火盖盖煮12分钟。

4 撒上豌豆、对虾和口利左香肠（不要搅拌），煮4~5分钟，或直到米熟了且大多数液体都被吸收了为止。将锅从火上移开，将锅盖盖上静置5分钟。

5 同时，将贻贝放入一个大锅中，锅中装有1厘米高的水。盖紧锅盖煮5分钟或直到贻贝壳打开为止，煮的过程中要不时地晃晃锅。将水分沥干并扔掉仍未开口的贻贝。

6 准备上菜，轻轻地搅拌什锦饭并调味。将贻贝塞进米饭中，撒上欧芹并与楔形柠檬块一起端上桌。

准备贻贝

1 在冷自来水中擦洗贻贝。冲掉细沙并用小而锋利的刀去掉藤壶。扔掉开口的贻贝。

2 去掉贻贝"须"，将黑色线状物质从贻贝上拉下并扔掉。也可以用一把刀强行使其与贝壳分开。

蔬菜与配菜

烤地中海蔬菜

五颜六色的烤蔬菜和蒜的混合物与烤鸡、慢烤的羊肉及烤肉搭配起来非常好吃。烤好后，整个蒜瓣都变得非常软、多汁而且蒜香四溢。在上菜之前将蒜皮脱去，或仍保留蒜皮，让食客们自己挤出蒜头。

 4人份　　 准备时间：15分钟　　 烹饪时间：35分钟

原料

1个红辣椒
1个大洋葱
半个冬南瓜，约450克
1个大的小胡瓜，约200克
1个茄子，约200克
8~12瓣整瓣的蒜瓣，留皮
4汤匙橄榄油
盐和现磨的黑胡椒
200克圣女果，最好是结在藤蔓上的圣女果
60克橄榄，如卡拉马塔橄榄
一把新鲜的小罗勒叶，备用

特殊设备

一个浅的大烤盘

每份含

卡路里：214
饱和脂肪：2克
不饱和脂肪：12.5克
钠：105毫克

厨师笔记

使用正确的烤盘

用您有的最大的烤蔬菜的烤盘，这样蔬菜就不会过度拥挤，将蔬菜放在同一层，否则它们将结水珠，而不是烘烤。

其他选择

试试用沸水焯过的茴香，撒上新鲜的百里香。

提前准备

您也可以端上室温下的蔬菜，淋一点香醋，做一份提前准备好的，一年到头都可以享用的沙拉。

准备蔬菜

 准备时间：15分钟

1 将烤箱预热到200℃。切去辣椒茎和辣椒芯，然后将整块拧下拽出。将辣椒一分为二，并刮去白筋和辣椒籽。将每半个辣椒都切成4份，这样您就得到8个楔形物。

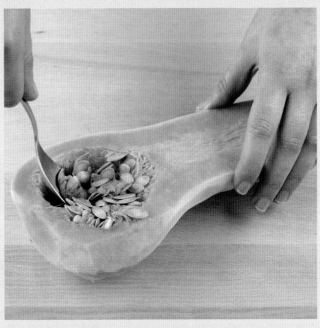

2 将洋葱纵向对切，留下根端。用一把大的厨师刀给洋葱去皮，然后将每半洋葱切成4块楔形物。切去洋葱根端。

3 用一把锋利的小刀去掉小胡瓜的皮。用匙挖出所有的籽并扔掉。将胡瓜肉切成2厘米见方的块。

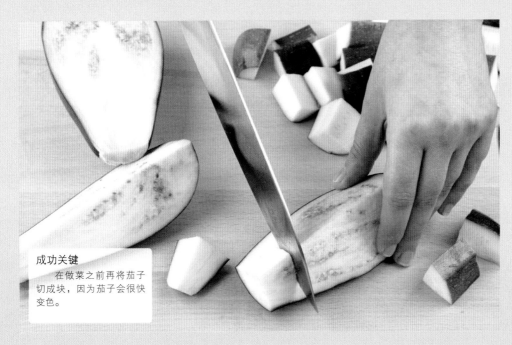

成功关键

在做菜之前再将茄子切成块，因为茄子会很快变色。

4 去掉小胡瓜的两端。将小胡瓜纵向对切，然后将每半个小胡瓜再纵向对切。将每条切好的小胡瓜横切成6块，每块约5厘米长。茄子的切法与此相同。

烤蔬菜

🕐 烹饪时间：35分钟

1 将辣椒块、洋葱块、冬南瓜块、小胡瓜块和茄子块摆放在一个大而浅的烤盘中，这样，它们就会在同一层，而不是彼此堆在一起。

2 撒上蒜瓣，浇上橄榄油并摇匀，这样，所有的蔬菜就都被裹上了一层蒜和橄榄油。加盐和黑胡椒调味。

成功关键
　　不要太早加入圣女果，否则它们会变得软塌塌的。

3 将所有的蔬菜都烤30分钟左右，然后加入圣女果。再为它们涂上油，将烤盘放回烤箱中。

4 再烤5分钟，或直到蔬菜变软且蔬菜的边缘开始看上去发焦为止。将烤盘从烤箱中取出并撒上橄榄和罗勒。

"烤蔬菜味道鲜美，营养丰富，又充满夏日的亮彩，在一年中的任何时节都倍受欢迎。"

法式香焗奶油千层土豆

　　这道菜香味浓郁且柔软滑腻，是人人都喜爱的用土豆做的菜肴。您需要很快地将土豆层叠起来并马上烘焙，否则土豆切片将会变色。如果您喜欢比较清淡的版本，就将一半的奶油替换为鸡肉高汤。

原料

4~8人份

黄油，用以涂抹
900克主要农作物——大土豆，如玛丽斯·派帕或德西蕾等品牌，去皮并切成很薄的薄片
盐和现磨的黑胡椒
300毫升高脂厚奶油
2大瓣蒜，去皮并碾碎

每份含

卡路里：561
饱和脂肪：27克
不饱和脂肪：15克
钠：100毫克

用曼陀林牌切片器

　　曼陀林牌切片器是一个特别有用的、刀片很锋利的工具，它能准确地将土豆和胡萝卜等各种蔬菜切成大小一致的片状或丝状（很细的条）。它的设置可调，您可以选择各种宽度和厚度，比用手切还要快，还要整齐。

烹饪方法

1　将烤箱预热到200℃。给25厘米长、20厘米宽、5厘米深的烤盘涂上黄油。将一半的土豆片分层堆放在烤盘中并撒上盐和黑胡椒。将奶油和大蒜混合在一起。将一半这样的混合物均匀地倒在土豆上。

2　覆上剩余的土豆片。撒上盐和黑胡椒，然后将剩下的蒜蓉奶油倒在上面。用涂了黄油的铝箔盖住烤盘并烘焙30分钟。移走铝箔并烘焙50分钟左右，或直到土豆变软，土豆的顶部变成棕色。

超薄土豆片的做法

1　用蔬菜去皮器（最好是带有固定刀片的）在土豆表面划出短而清晰的道子，以将土豆皮去掉。

2　将土豆沿着曼陀林牌切片器的刀片上下滑动以切出非常薄的薄片。您也可以用食品加工器或厨师刀来做超薄的土豆片。

给蒜去皮并将其碾碎

1　要想给一瓣蒜去皮，需用厨师刀扁平的一侧轻轻地压蒜瓣，这样才能使蒜皮变松（见52页）。用一把去皮刀削去蒜瓣上的蒜皮。

2　将蒜瓣放在压蒜器装蒜的格子中，并将两个手柄挤压在一起。蒜肉将从格子洞里被挤出来。

酸甜红球甘蓝

酸甜红球甘蓝浓郁的果味完美地补充了鹅肉、鸭肉和野味的油腻。理想状况是提前两天着手准备，这是因为随着时间的推移味道会更加鲜美。而且它还很适合冷冻，在再次加热前彻底融化即可。

原料

4人份

900克硬的红球甘蓝，去芯并大体撕碎
450克甜苹果，去皮、去核并切成片
250克洋葱，去皮并细切碎
3汤匙红葡萄酒醋或白葡萄酒醋
4汤匙红醋栗果酱
1/4汤匙磨碎的桂皮
1大瓣蒜，去皮并碾碎
盐和现磨的黑胡椒

每份含

卡路里：153
饱和脂肪：0克
不饱和脂肪：1克
钠：25毫克

烹饪方法

1 将烤箱预热到150℃。在一个大砂锅中将所有的原料都混合在一起并用中火在炉盘上煮沸，充分搅拌。

2 盖上盖并将砂锅转移到烤箱中。加热2~2.5小时，或直到红球甘蓝变得特别软为止，搅拌一两次。红球甘蓝一熟，立即端上桌，或关掉烤箱并将锅留在烤箱中——在20分钟之内，红球甘蓝会继续吸收烤箱的余热。

给苹果去核并将苹果切成片

1 给苹果去皮，然后将苹果分成4份。用一把去皮刀斜着切每块苹果中央的果核，将果核去掉。

2 将切好的四分之一个苹果中的一瓣放在操作台上，用去皮刀纵切成均匀的新月形片。

给红球甘蓝去芯并将红球甘蓝切成细条

1 剥去包在红球甘蓝外面的枯萎了的叶子。用一把大厨师刀将红球甘蓝纵向对切。

2 将被切成一半的红球甘蓝再纵向对切。用一把小厨师刀，去掉每块红球甘蓝中间的芯。

3 将红球甘蓝的切面朝下放置并横切成细条状，厚度可根据个人喜好而定。

薄荷味的豌豆和小胡瓜

这两种蔬菜非常有趣地搭配在一起。用匙挖出小胡瓜籽并尽可能用最短的时间来煮果肉，这样会令小胡瓜口感松脆并让人眼前一亮。用黄瓜来代替小胡瓜也是一种很好的方法。

原料

4人份

225克剥掉豆荚的新鲜豌豆或冷冻过的豌豆；如果是新鲜的豌豆，带豆荚重约400克
2个小胡瓜，总重量约400克
盐和现磨的黑胡椒
25克黄油
1圆汤匙切碎的薄荷

每份含

卡路里：129
饱和脂肪：4克
不饱和脂肪：3克
钠：40毫克

烹饪方法

1 如果用的是从豆荚里挑拣出的新鲜豌豆，就按下图所示的方法剥去豌豆荚。在您准备小胡瓜的时候，将其放在一边。

2 修剪小胡瓜，然后将它们纵向对切。按下图所示的方法挖出半个胡瓜中央的籽并将其扔掉。将小胡瓜切成1厘米厚的片。

3 在一个盛有沸腾盐水的锅中将小胡瓜煮2分钟。倒入豌豆，煮沸后继续用文火煮2~3分钟，或直到豌豆熟了，小胡瓜变得稍软为止。

4 沥干蔬菜中的水分并将其放回锅中。加入黄油和薄荷，用盐和黑胡椒调味，然后轻轻地摇晃，这样黄油便开始融化。

变式：薄荷味的豌豆和黄瓜。用半根去皮的黄瓜来代替小胡瓜，按同样的方法准备。在放入豌豆之后再将黄瓜放入锅中，加热1分钟。

买豌豆和用豌豆

如果您要买带豆荚的豌豆，请买小的嫩豌豆。一旦将豌豆挑拣出来，它们很快便会变得不再甜美可爱，而是变得很僵硬。将豌豆冷冻起来便是很好的选择，这是因为在这些豌豆还非常嫩，非常柔软的时候，它们就被挑拣出来并马上冷冻起来了，因此，它们保持着它们的色泽和甜美。事实上，最好是用冻豌豆，而不用比较老的，带豆荚的豌豆。用很短的时间来煮豌豆——只要有足够的时间让豌豆变软就行。

给豌豆剥豆荚

按住豆荚底部，使豆荚打开，然后用大拇指沿着豆荚内侧移动，取出豌豆。在您继续为其他豌豆剥豆荚时，将取出的豌豆放入碗中。

给小胡瓜去籽

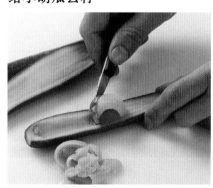

用茶匙沿着半个小胡瓜的中心移动，给小胡瓜去籽。确保您没有将瓜瓤也一并刮出。将籽扔掉。

玛丽的成功秘方
蔬菜与配菜

1 尽量买本地种植的应季蔬菜，或者最好是自己种菜。越新鲜的蔬菜口感越好，营养也越丰富。

烤地中海蔬菜，204~207页

2 将洋葱、大蒜、土豆、欧洲防风草、瑞典甘蓝和南瓜置于凉爽、背光且通风良好的地方储存。比较容易腐烂的蔬菜，如豌豆、甜玉米、芹菜、菠菜和成熟的番茄等，则应该被冷冻起来。

3 将从超市买来的蔬菜冻起来时，打开蔬菜的包装或刺穿装蔬菜的袋子，以防水分聚集。

4 在自来水下彻底清洗蔬菜，以去掉多余的泥，并在使用前将其沥干。

5 如果要款待客人，我常常提前几个小时将蔬菜准备好，将它们密封在塑料袋中并储藏在冰箱里。这对大部分蔬菜来说是很奏效的，除了那些很快就变色的品种（如牛油果、朝鲜蓟、块根芹和洋姜等）。去皮后的土豆要放在冷水中。

6 将蔬菜切成一样的尺寸和形状，尽可能地保证它们均匀受热。

7 微波炉是做少量蔬菜的理想选择：您不需要用太多的水，这意味着蔬菜能保留住它们的营养物质、颜色和味道。

煸炒小白菜和青葱，218~219页

8 大多数蔬菜（除了土豆和水分特别大的蔬菜，如黄瓜和番茄等）非常适合冷冻，尽管通常情况下，冷冻过的蔬菜不如新鲜的蔬菜那么好。在冷冻之前，将它们放在沸水中焯一下，然后在冰水中迅速冷却，这会使蔬菜保持颜色鲜艳。它们能保存6~12个月，而且冻起来后可随时拿出来烹饪。

9 （除了小扁豆之外）所有的豆子都需要在烹饪之前于室温下在碗中浸泡至少8个小时。或者，也可以先将豆子沸煮3分钟，然后再盖好锅盖，浸泡1~2个小时以加快准备进程。

10 在开始烹饪的时候，迅速将豆子煮10~15分钟以去掉毒素，然后调成小火炖（鹰嘴豆、小扁豆和干裂成两半的豌豆不需要煮硬）。在烹饪快结束时加入盐。

木豆，224~225页

蔬菜杂烩

这是盛夏时节里一道理想的菜肴，因为炎炎夏日里所有的蔬菜都成熟了，此时它们的味道最好。我们过去常常给茄子撒盐以去掉苦味，但较新的品种在很嫩的时候就被摘下来了，因此也就不再那么苦了，所以也就没有必要再给茄子撒盐了。

原料

4人份

4汤匙橄榄油
1个大洋葱，去皮并切成片
1个大茄子，切成圆片，每片约1厘米厚
4个小胡瓜，总重量约为300克，切成圆片
6个番茄，去皮，切半并去籽
1个大的红辣椒，去核，去籽并切片
1大瓣蒜，去皮并碾碎
1茶匙糖
盐和现磨的黑胡椒
1汤匙撕碎的新鲜罗勒，做装饰

每份含

卡路里：213
饱和脂肪：2克
不饱和脂肪：14克
钠：13毫克

烹饪方法

1 给不粘食物的大炒锅中的油加热。加入洋葱，用中火煮10分钟，或直到洋葱变软为止，在煮的过程中频繁地搅拌。

2 加入剩下的蔬菜、大蒜、糖、盐和黑胡椒。搅拌均匀。盖上锅盖并用小火煮45分钟左右，或直到蔬菜虽变软但却仍保持其形状不变。不时地轻轻搅拌。在烹饪结束时，检查味道如何，根据个人口味进行调整，并撒上切碎的罗勒。

准备红辣椒

将红辣椒纵向对切，然后用去皮刀切去茎和芯。从两个被切成一半的辣椒中刮掉白筋和辣椒籽。

将罗勒切碎

罗勒有柔软的叶子，因此为了防止碰伤，轻轻地将叶子卷成雪茄形，然后用去皮刀将罗勒交叉地切成条状。

给番茄去皮去籽

1 切去芯并在每个番茄的底部划一个十字。将番茄浸没在一个装有沸水的锅中煮8~15分钟，或直到番茄的皮变松动为止。

2 用笊式漏勺将番茄转移到一碗冷水中。当冷却到可以用手拿时，用去皮刀剥去松动的皮。

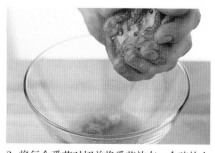

3 将每个番茄对切并将番茄放在一个碗的上方，轻轻挤出番茄籽。扔掉番茄籽和番茄汁。如果有需要，将番茄肉大致切碎。

煸炒小白菜和青葱

　　这道菜的优点之一是在快速煸炒之前能提前准备原料。挑选有点芯的小白菜。如果您喜欢的话，可以在最后拌入少许海鲜酱或豆豉汁来提味，使味道更浓烈。

原料

4人份

4~6棵小白菜
2瓣蒜
1圆块新鲜根姜
8棵青葱，修剪好
85克香菇或栗蘑
1个小的新鲜的红辣椒
2汤匙葵花籽油或花生油
3~4汤匙鸡肉高汤（见126页）或水
1~2汤匙老抽
烤芝麻籽，做装饰

每份含

卡路里：90
饱和脂肪：0.8克
不饱和脂肪：5克
钠：427毫克

烹饪方法

1 将小白菜切成4等份，然后再将每一份纵向对切，形成薄的楔形。

2 给蒜去皮并将蒜切末，给姜去皮并将姜切碎，蒜末和姜末的量为2茶匙左右。

3 按如图所示的方法将青葱切成片，根据蘑菇的大小，将蘑菇切半或切成4等份。去掉辣椒籽（当心不要离眼睛太近），并将辣椒切成条状。

4 给炒菜锅或大煎锅中的油加热，直到油变热为止，加入大蒜、姜、青葱和小白菜并在大火上炒3分钟左右，或直到小白菜开始变蔫。

5 拌入蘑菇、辣椒、高汤或水，继续炒2分钟，或直到小白菜变得脆嫩为止。

6 加入少许酱油并在蔬菜上撒上烤芝麻籽。立刻端上桌。

酱油

　　酱油是发了酵的大豆和烤谷物的混合物，它分为两种：生抽和老抽。老抽被酿制的时间更长。生抽味道较咸，颜色较淡；而老抽则往往口感微甜，颜色较深。两者都适合炒菜用，但如果您不想让原料变色，不想给菜增添深色调的话，最好还是用生抽。

将青葱切片

当将青葱切成小段用以煸炒时，要斜着切。由于用这种方式切出来的青葱表面积最大，因此，它们熟得快而且还能吸收其他的味道。

烤芝麻籽

将一个沉沉的干燥的锅置于中火上。当锅变热时，倒入芝麻籽，烤几分钟。拨动芝麻籽，这样它们就能被烤成均匀的棕色，注意看锅，不要将芝麻籽烤糊。

蔬菜咖喱

　　这种温和的咖喱是肉菜或素食晚餐的绝好搭档，非常适合用木豆做的菜（见224~225页）。新鲜出炉后就马上与米饭一起端上桌。它不适合冷冻，因为冷冻会让蔬菜失去纹理。

原料

4人份

750克备好的混合在一起的蔬菜，如花椰菜、土豆、胡萝卜、韭葱和菜豆

3汤匙葵花籽油

2个洋葱，去皮并切碎

1大瓣蒜，去皮并碾碎

2.5厘米长的一块新鲜姜根，去皮并细细切碎

1汤匙辛辣的香料粉

一罐400克的切碎的番茄

一罐400克的鹰嘴豆，沥干

175毫升菠萝汁

盐

每份含

卡路里：247

饱和脂肪：2克

不饱和脂肪：11克

钠：64毫克

烹饪方法

1 将蔬菜切成大小大致相等的块，这样它们就能均匀受热。油置中等大小的锅中，给油加热。加入洋葱并用中火炸10分钟，或直到洋葱变为棕色，频繁地搅拌。

2 加入大蒜、姜、辛辣的香料粉、番茄、鹰嘴豆、菠萝汁和盐，并用文火加热，加热过程中不停地搅拌。加入所有准备好的蔬菜，盖上盖，用小火煮15分钟或直到蔬菜变软为止。检查味道如何并马上端上桌。

将土豆切丁

1 将去了皮的土豆放在牢固的操作台上。用一只手稳稳地按住土豆，用厨师刀将土豆切成1厘米厚的片。

2 将每3片土豆片码放在一起，垂直切成中等厚度的片，然后再横着切成丁。

给生姜去皮并切末

1 用一只手牢牢地握住姜根。用厨师刀切去小疙瘩并刮掉姜皮。您也可以选择用蔬菜去皮机。

2 将姜根切片，逆着纤维的纹理切就能得到完好的圆形切片。将圆形切片码在一起，用力往下按，将它们切成小薄片。

3 将小薄片排成一行并横着切，将姜切成很小的小丁。要想切得更好，将切成丁的姜堆起来剁碎，就像剁香草那样。

> **66** 我喜欢简单、不复杂的饭菜。最主要的一点是原料必须是新鲜的、充分准备的，而且是经过妥善烹饪的。**99**

木豆

木豆是咖喱的重要搭档。稍微煎过的番茄和洋葱的脆爽浇头所形成的有趣纹理与柔软的木豆对比鲜明。小扁豆富含蛋白质，特别有益于素餐。

原料

4人份

250克红色的小扁豆
2.5厘米长的新鲜姜根块，去皮并磨碎
1大瓣蒜，去皮并碾碎
1茶匙磨碎的姜黄
1茶匙盐

制作浇头所需的原料

2汤匙葵花籽油
1个番茄，切成8块楔形物
1个洋葱，去皮并切成片
半茶匙干燥的辣椒粉
新鲜的香菜叶，做装饰

每份含

卡路里：283
饱和脂肪：1克
不饱和脂肪：7克
钠：613毫克

烹饪方法

1 按如下所示的方法冲洗小扁豆，然后将它们放在一个中等大小的锅中，锅里添600毫升的水及生姜、蒜、姜黄和盐。

2 煮沸，然后将火调小，用文火煮20~30分钟（不盖锅盖），直到小扁豆变软。

3 将锅从火上移开，用土豆搅碎机将小扁豆捣碎。如果混合物看上去太浓，可以加入一点热水。保持混合物是热的。

4 制作浇头：油置炒锅中，给油加热，直到油热为止。加入楔形番茄、洋葱和辣椒粉，用中火炒2分钟左右。

5 将木豆转移到一个餐盘中，上面放上番茄和洋葱的混合物并用香菜叶做装饰。

我是如何准备和做小扁豆的

1 挑选小扁豆并去掉干瘪的豆子和碎片。将小扁豆放在滤器中并在冷水下冲洗干净。

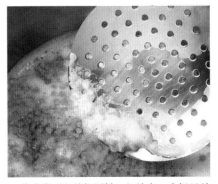

2 将小扁豆和其他原料一起放在一个锅里并煮沸。用笾式漏勺撇去浮渣并用中火开盖煮。

3 约20分钟之后，检查水是否被完全吸收以及小扁豆是否被煮嫩。如果小扁豆还没熟，就再煮10分钟。

蔬菜配卤水豆腐

　　豆腐本身没有什么味道，但如果将其浸泡在腌泡汁中，它就会很好地吸收与其一同烹饪的汁液的味道。豆腐是用大豆做的，因此，对素食主义者来说，它是蛋白质的有效来源。要想给菜增添点儿色彩，可加入冬南瓜。

原料

4人份

500克老豆腐
2大瓣蒜，去皮并细细切碎
2汤匙细细切碎的新鲜百里香
1汤匙芝麻油
盐和现磨的黑胡椒
1块浓缩蔬菜固体汤料
2汤匙葵花籽油
2个洋葱，去皮并切成薄片
250克纽扣菇，修剪好并切成薄片
300克花椰菜花部
300克西兰花花部
150毫升干白葡萄酒
1汤匙玉米粉

每份含

卡路里：319
饱和脂肪：3克
不饱和脂肪：15克
钠：447毫克

烹饪方法

1 按如下所示的方法准备好豆腐，然后将其切成立方体。将切好的豆腐放在一个盘子中。撒上蒜、百里香、芝麻油、盐和黑胡椒。盖上锅盖并腌泡20分钟。

2 将浓缩固体汤料溶解在150毫升的开水中。将炒锅置于大火上并用大火煮1~2分钟，直到锅变热。加入豆腐及腌泡汁，并用中火炒，直到豆腐变成浅棕色。将其转移到一个盘子中并保温。

3 给炒锅中的葵花籽油加热，加入洋葱并煸炒3~4分钟。加入纽扣菇，煸炒2分钟左右，然后加入花椰菜和西兰花的花部并煸炒2分钟。倒入葡萄酒和高汤。

4 将玉米粉与2汤匙水混合，然后添入更多的水，使混合物含量达到100毫升。将混合物倒入炒锅中煮沸，煸炒至蔬菜变软为止。加入盐和黑胡椒，然后将豆腐撒在菜顶上。

　　变式：蔬菜配腌制牛排。用2块菲力牛排（总重约300克）来代替豆腐，用浓缩牛肉固体汤料来代替浓缩蔬菜固体汤料。将牛排切成薄片，要逆着肉的纹理切（即刀口方向与肉的纹理方向垂直或斜着），然后再炒2~3分钟。

准备好豆腐以备煸炒

1 在冷水下将豆腐洗净，然后将其放入一个滤网或滤器中，直到豆腐被彻底沥干。

2 将豆腐放在一张厨房纸上并将其擦干，在烹饪之前除去多余的水分。

3 将豆腐放在切菜板上。用一把大厨师刀将其切成条状，然后再横切成立方体。

约克郡布丁

　　我喜欢提前一天做这些布丁，这样就可以腾出烤箱来烤牛肉。将布丁放在同一个烤盘中并在热烤箱里再次加热15分钟左右。也可以用23厘米×33厘米大小的烤盘来做这种混合物，在这种情况下要烘焙20~30分钟。

原料

6人份

1汤匙橄榄油或鹅油
盐或现磨的黑胡椒

制作面糊所需的原料

125克普通面粉
2个大鸡蛋
1个大蛋黄
250毫升牛奶

每份含

卡路里：270
饱和脂肪：6克
不饱和脂肪：8克
钠：80毫克

烹饪方法

1 像（下面）第1步所展示的那样制作面糊，用一个大的搅拌碗量面并加入鸡蛋和额外添加的蛋黄。像第2步和第3步所示的那样，慢慢加入牛奶，直到面糊变得光滑细腻，然后再加入盐和黑胡椒。

2 如时间允许，用一条干净的茶巾盖住碗，搁置30分钟左右，这样，面粉里的淀粉颗粒就会吸收水分并发起来。

3 将烤箱预热到220℃。在约克郡布丁烤盘的每个洞上都涂上一点橄榄油或鹅油，约克郡布丁烤盘上一般有12个洞，给烤盘加热10分钟或直到鹅油融化变烫。

4 取出烤盘，搅拌面糊，并将面糊倒入烤盘上的洞中。立刻将烤盘放回烤箱中并烘焙15分钟左右，直到布丁充分膨胀，呈金黄色并酥脆可口。立刻端上桌。

我是如何做约克郡布丁和烙饼的面糊的

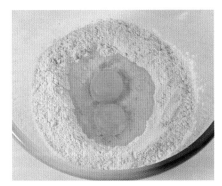  

1 用汤匙背部在面粉中央挖个洞。将鸡蛋敲碎，再加入额外的蛋黄来做约克郡布丁（但做烙饼时就不需要额外加蛋黄），一一倒入烤盘的凹洞中。

2 加入一点牛奶并轻轻搅拌。当混合物变硬时，加入更多的牛奶，每次加一点。用刮铲将挂在碗侧面的面刮下来。

3 继续加入剩下的牛奶，直到面粉和牛奶彻底混合且混合物变得十分光滑为止。加入盐和黑胡椒，并再次搅拌使其混合。

花椰菜与韭葱干酪

　　这道菜与烤肉、带骨的瘦肉和香肠很搭配，也可以加入胡萝卜和冬南瓜，构成美味而清淡的晚餐。不要将蔬菜煮得太烂；它们应该有点嚼头才行，因为还要将它们放入烤箱里烤一会儿。

原料

4人份

1个大花椰菜
3棵大韭葱
30克酿熟的切达干酪

制作白沙司所需的原料

60克黄油，外加额外的黄油用于涂抹
60克普通面粉
600毫升牛奶
60克帕玛森干酪，切碎
60克酿熟的切达干酪，磨碎
2茶匙粒状芥末
盐和现磨的黑胡椒

每份含

卡路里：484
饱和脂肪：19.5克
不饱和脂肪：13克
钠：536毫克

烹饪方法

1 按如下所示的方法准备花椰菜和韭葱。将一锅盐水煮沸，加入花椰菜的花部和留下来的茎，再次煮沸并用文火煮4分钟左右，或直到花椰菜被煮好但仍有嚼头。在冷的自来水下沥干并冲洗干净，然后再次沥干水分。

2 用同样的方法煮切成片的韭葱并冷却（与花椰菜一样，韭葱不能煮得太软）。

3 给一个浅的烤盘涂上油。将烤箱预热到200℃。将韭葱和花椰菜摆在盘子中，花椰菜的茎放在盘底，花部朝上。

4 按190页所示的方法，用黄油、面粉和牛奶制作白沙司，所需原料用量见本篇配方。

5 停止给白沙司加热，拌入帕玛森干酪、切达干酪，再加入芥末，搅匀，加入盐和黑胡椒调味。

6 将白沙司浇在蔬菜上并撒上30克的切达干酪。烘焙20~25分钟，或直到蔬菜变成金黄色，奶油起泡。

切掉花椰菜的花部

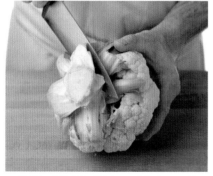

1 将花椰菜放在切菜板上，茎部朝上。用厨师刀削去粗大的主茎，去掉叶子，扔掉。

2 用小的去皮刀仔细地将花部从中央的茎上切去。切生细而嫩的茎并保留备用。用冷水冲洗干净并沥干。

准备韭葱

修剪并扔掉韭葱外层坚韧的叶子和根端。将韭葱横切为2.5厘米宽的片，在冷自来水下冲洗干净并沥干。

沙拉

大师食谱:

恺撒沙拉

这道经典的美国沙拉可作为美味清淡的午餐、开胃菜或沙拉配菜。传统的恺撒沙拉包括一个生蛋或半熟的鸡蛋,但在这儿,我在调味汁中选用了蛋黄酱,以使沙拉黏稠得像奶油般光滑细腻。这道菜的其他变式包括加入油炸酥脆的培根块、烤鸡肉条或切成薄片的煮熟的鲑鱼。

 4~6人份　　　 准备时间:15~20分钟　　　 烹饪时间:5分钟

原料
2棵长叶莴苣,切碎
30克芝麻菜菜叶
一罐50克的凤尾鱼鱼片,沥干并剪成块(可选)
50克帕玛森干酪,大致磨碎
盐和现磨的黑胡椒

制作油煎面包块所需的原料
4大厚片隔夜的白面包,去掉面包皮并切成1厘米见方的立方体
2~4汤匙葵花籽油

制作调味汁所需的原料
100毫升蛋黄酱(见248页)
用半个柠檬榨成的柠檬汁
2茶匙伍斯特沙司
1大瓣蒜,去皮并碾碎
1汤匙橄榄油

特殊设备
一个不粘食物的大炒锅

每份含
卡路里:510
饱和脂肪:8克
不饱和脂肪:32克
钠:825毫克

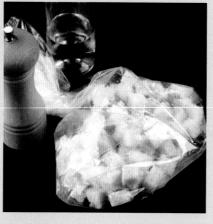

1 制作油煎面包块:将面包与油和调料一起放在一个塑料袋中。将袋子密封并摇匀。

成功关键
在厨房纸上将油煎面包块沥干并冷却,然后再加到沙拉中。

2 将一个不粘锅置于中火上。锅热时加入面包搅拌,直到面包全变成金黄色。

3 与除了油之外的所有调味原料一起搅拌。慢慢拌入油,搅匀。加入调料调味。

成功关键
将沙拉摇匀,以将所有的原料都混合在一起,并立刻端上桌。

4 在一个大碗中,将芝麻菜菜叶、凤尾鱼(如果选用的话)、油煎面包块和奶酪混合在一起。浇上调味汁。

"我喜欢这款沙拉中凤尾鱼的咸辣味，但若没有凤尾鱼，沙拉也依然很美味。"

混合菜叶沙拉

这是能提前准备沙拉并保持其新鲜的令人愉快的方法。我将较硬的蔬菜浸泡在碗底的调味汁中，然后将易碎的拌沙拉用的菜叶放在上面，并将做好的沙拉冷冻起来，直到需要的时候再取出。在上菜之前将沙拉摇匀。

原料

4~6人份

4~6棵青葱，修剪好

6根芹菜茎，修剪好

1个小球茎茴香，修剪好

4~6汤匙法式调味汁

半根黄瓜

200克袋装的拌沙拉用的混合菜叶

1棵小宝石莴苣

约20片芝麻菜菜叶、嫩菠菜叶或野苣叶

盐和现磨的黑胡椒

制作调味汁所需的原料（足够做2份沙拉用）

2汤匙白葡萄酒醋

2茶匙芥末酱

1~2茶匙细白砂糖

6茶匙特级初榨橄榄油

1汤匙切碎的新鲜绿叶香草，如龙蒿、罗勒和欧芹

每份含

卡路里：148

饱和脂肪：2克

不饱和脂肪：11克

钠：109毫克

关于法式调味汁

法式调味汁也被称为沙拉调味汁，这种经典的沙拉调味汁很容易做，很快就能做好。它可以在冰箱里保存1周，因此很值得做一大批。将其储存在一个带螺旋盖的罐子中，并在使用前摇晃，让其重新混合。若想让沙拉味道好，就请用最好的特级初榨橄榄油和质量上乘的葡萄酒醋。

烹饪方法

1 将青葱、芹菜和茴香细细切碎，并放在一个大的沙拉碗中。加入调味汁并摇晃均匀。

2 将黄瓜纵向对切，然后横切成厚片。将所有的菜叶撕成可以控制的大小。

3 将一半的黄瓜和一半的菜叶放入碗中。加入盐和黑胡椒，然后加入剩下的黄瓜和菜叶。再次加调料调味。盖上盖冷冻4小时。在上菜前将所有的原料混合在一起。

我是如何制作法式调味汁的

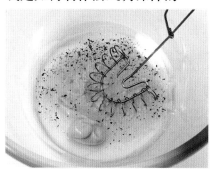

1 将醋、芥末、1茶匙糖、盐和黑胡椒放在一个碗中。用手持搅拌器搅拌。

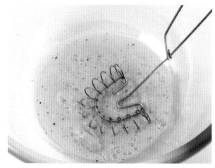

2 继续用力搅拌混合物，直到原料被搅拌均匀并变得浓稠。

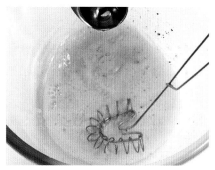

3 以细流平稳而缓慢地加入油，用力搅拌直到油被完全吸收。

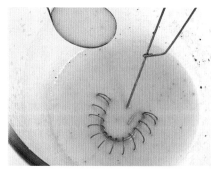

4 尝尝调味汁味道如何，如果您喜欢，加入更多的糖、盐及黑胡椒。在上菜前拌入香草，拌匀。

经典土豆沙拉

很值得按法式方法来大费周章地做这道菜，趁着土豆还热的时候摇晃调味汁中做好的土豆。为了让土豆更脆、味道更好，我喜欢加切碎的小黄瓜或甜黄瓜茎。

原料

4人份

550克新土豆，如做沙拉用的土豆或夏洛特土豆，擦洗干净
盐和现磨的黑胡椒
3汤匙橄榄油
1汤匙白葡萄酒醋
1.5茶匙柠檬汁
1.5茶匙第戎芥末酱
少许糖
5棵青葱，修剪好并切成薄片
25克小黄瓜，沥干并细细切碎
1汤匙切碎的新鲜龙蒿叶，外加额外的龙蒿叶做装饰
1汤匙剪碎的新鲜细香葱，外加额外的细香葱做装饰
6汤匙蛋黄酱（见248页）

每份含

卡路里：336
饱和脂肪：4克
不饱和脂肪：22克
钠：220毫克

烹饪方法

1 将新土豆全部放在一个盛有沸腾盐水的大锅中，将混合物再次煮沸并用文火煮12~15分钟，直到土豆稍稍变软。

2 同时，依个人口味将油、醋、柠檬汁、芥末酱、糖、盐和黑胡椒放进带螺旋盖的罐子中。摇晃，直到混合物充分混合。

3 在滤器中将煮熟的土豆沥干。静置一会儿，待冷却到可以用手拿时，将其切半。

4 将土豆转移到上菜用的碗中，在它们还热的时候，与调味汁一起摇晃。放凉。

5 将青葱、小黄瓜、龙蒿叶和细香葱拌入放凉的土豆中。轻轻地搅拌直到所有食材都被裹上调味汁为止，然后加入盐和黑胡椒调味。盖上盖并冷藏约1小时。

6 拌入蛋黄酱，轻轻搅拌均匀，检查味道如何，撒上些细香葱和龙蒿叶并端上桌。

刷洗新土豆

在水中清洗未去皮的土豆，并用一个小的蔬菜刷轻擦土豆的外表面以去掉泥。当心不要撕裂土豆皮。

将龙蒿叶切碎

将龙蒿叶从茎上剥除，轻轻地扯以防碰伤。将大部分龙蒿叶细细切碎，预留下少许龙蒿叶做点缀。

三色魅惑

这种灵活的沙拉是美味而颇有装饰性的第一道菜或清淡的午餐。它也是在夏季派对上与其他的沙拉或冷肉一起端上桌的理想菜肴。为了让这道菜口感更脆，您可以在沙拉上撒些烤松仁。

原料

4人份

3汤匙橄榄油

1汤匙柠檬汁，外加2茶匙柠檬汁用来洒在食物上

2汤匙新鲜的罗勒香蒜酱（见38页）

1个成熟的牛油果

盐和现磨的黑胡椒

4个成熟的大番茄（室温），切成薄片

2×125克球状水牛莫萨里拉奶酪，沥干并切成薄片

1把新鲜的罗勒叶，做装饰

每份含

卡路里：366

饱和脂肪：12克

不饱和脂肪：20.5克

钠：259毫克

烹饪方法

1 在一个小碗中，将橄榄油和1汤匙柠檬汁混合在一起，然后拌入香蒜酱搅匀。放在一旁备用。

2 按如下所示的方法给牛油果去核，去皮。将牛油果切成薄片。撒上剩下的2汤匙柠檬汁以防变色。加入黑胡椒调味。

3 在上菜盘上将番茄片、莫萨里拉奶酪片和牛油果片排成排。加入盐和黑胡椒调味。将一些香蒜酱淋在沙拉上，再撒上罗勒叶，与剩下的酱汁一起端上桌。

准备牛油果

1 用厨师刀将牛油果纵向切成两半，一直切到果核周围。

2 用双手握住牛油果，反方向轻扭被切成两半的牛油果以将它们分开。

3 用刀刃砍果核以刺穿果核，然后举起果核并将果核撬离刀刃，扔掉。

4 用刮铲在果皮内侧滑动，沿着果皮轻轻地挖出果肉，然后用同样的方法挖出另一半牛油果的果肉。

四豆沙拉

　　这是您会做的最棒的沙拉，因为大部分原料都直接来源于存储柜。干豆比罐装的豆子的纹理更好，但如果时间短，罐装的豆子也不错，只要您先将豆子洗净、沥干。

原料

6~8人份

125克干笛豆或一罐400克的笛豆
125克意大利干白豆或一罐400克的意大利白豆
125克红芸豆或一罐400克的红芸豆
125克黑眼豆或一罐400克的黑眼豆
6汤匙法式调味汁（见236页）
1大瓣蒜，去皮并碾碎
4根芹菜茎，修剪好并切成片
1个红葱头，去皮并切成薄片
盐和现磨的黑胡椒

每份含

卡路里：458
饱和脂肪：3克
不饱和脂肪：19克
钠：1402毫克

烹饪方法

1 将干豆在冷水中至少浸泡8个小时。沥干并冲洗干净。然后按如下所示的方法或按包装上的说明煮。将颜色浅的豆子和颜色深的豆子分开煮，以防变色。

2 将煮熟的豆子倒入滤器中，沥净大部分的水。如果您使用的是罐装的豆子，仅需将它们放在一个滤器中，然后在冷的自来水下彻底洗净。

3 将一张加厚的厨房纸平铺在烤盘上。将豆子摊放在厨房纸上并晃晃烤盘，直到豆子不再湿为止。

4 将调味汁倒入一个大碗中，加入豆子、蒜、芹菜、洋葱、盐和黑胡椒并摇匀。

5 盖好沙拉并冷藏4个小时。在上菜前品尝一下，检查味道如何。

　　变式：豆子沙拉配金枪鱼。沥净一罐200克的油渍金枪鱼中的油，并将金枪鱼破成大块。您也可以用新鲜的炭烤金枪鱼（见246页）。在冷藏前将鱼肉调入豆子沙拉中。点缀上3个去了壳、冷却过并分为4等份的硬心煮蛋。

如何浸泡和煮干的腰豆

1 将豆子放在一个大碗中并倒入大量冷水，让冷水没过豆子。在室温下将豆子浸泡至少8个小时。沥干并洗净。

2 将豆子放入锅中，倒入大量冷水，让冷水没过豆子。煮沸后再快煮10分钟。

3 调小火，盖上盖，用文火慢慢地煮90~105分钟，或直到豆子变软。用冷的自来水将豆子冲洗干净。沥干水分。

玛丽的成功秘方

沙拉

恺撒沙拉，234~235页

1 在计划做沙拉时，要充分考虑调味汁和原料是否匹配。一般说来，用简单而清淡可口的沙拉调味汁来搭配味道不浓烈的原料，而用较浓的调味汁来搭配味道浓烈的原料。

2 我喜欢用时令蔬菜来做我的沙拉，以充分发挥时令蔬菜的优势。例如，春季的芦笋或菠菜，夏季里鲜美多汁、在藤蔓上自然成熟的番茄，秋季的茴香和冬季的凉拌卷心菜。

3 在买做沙拉用的菜叶的时候，挑最新鲜的买。菜叶颜色鲜艳，口感硬脆。试着买各种不同颜色和口感的菜叶。

三色魅惑，240~241页

4 经常清洗做沙拉用的菜叶以去除沙粒或泥土，并让它们变得更新鲜。在滤器中沥去菜叶上的水分。用茶巾、厨房纸或沙拉甩干器轻拍。

5 可提前几个小时准备好做沙拉用的菜叶，盖好盖，再储存于冰箱中，但在没上菜前不要加调料，如果加调料的话，菜叶将会枯萎。

6 被保存在一个带螺旋盖的罐中的沙拉调味汁可以在冰箱中保存1个星期。在上菜前摇匀。

四豆沙拉，242~243页

7 为了避免碰伤娇嫩易碎的菜叶，将它们撕碎而不是用刀切碎。撕的片越大，碰伤的概率就越小。

尼斯沙拉，246~247页

8 在夏季，我喜欢将沙拉作为正餐中要上的一道菜，尤其是露天午餐的必备菜。尼斯沙拉（见246~247页）或夏季蒸粗麦粉（见250~251页）是非常好的主菜沙拉。配硬皮面包非常美味。

9 别忘了在您的沙拉中加入新鲜的香草：细香葱、薄荷、欧芹、罗勒和龙蒿都很适合。旱金莲等可食用的花给沙拉增添了令人愉悦的色彩。

10 对沙拉来说，木碗和木质的上菜用具是最好的。除了不锈钢之外，要避免使用金属的碗和其他工具，这是因为金属会与调味汁中的酸性物质起化学反应。

尼斯沙拉

为了做这道沙拉，应该将金枪鱼鱼排煮熟，而通常，在做主菜中的金枪鱼鱼排时，端上桌的鱼排要做得特别嫩（或者说要做成"近生鱼排"）。您可以用一罐400克油渍金枪鱼来代替新鲜的金枪鱼，将油沥干并切成大块。

原料

4人份

2块金枪鱼鱼排，每块重150克

1汤匙橄榄油

盐和现磨的黑胡椒

250克小个的新土豆，用力擦洗

250克菜豆，横向对切

1大瓣蒜，去皮并碾碎

1汤匙切碎的新鲜欧芹

1汤匙撕碎的新鲜罗勒

4汤匙法式调味汁（见236页，不加芥末）

1棵新鲜莴苣，如小宝石莴苣或直立莴苣，大致撕碎

100克圣女果，切半

4个硬心煮蛋，去壳、冷却并切成楔形

50~75克油渍黑橄榄，将油沥干

2~3棵青葱，修剪好并切成薄片

8片凤尾鱼鱼片，沥干

每份含

卡路里：440

饱和脂肪：5克

不饱和脂肪：21克

钠：989毫克

烹饪方法

1 给炉盘上带凸纹的铸铁炭烤锅加热，直到锅变热为止。按如下所示的方法准备好并烤金枪鱼鱼排。如果您没有烤锅，就用不粘食物的炒锅。将鱼排放在一旁冷却。

2 将土豆放在一个盛有沸腾盐水的锅中煮15~20分钟，或直到土豆变软。同时，在另一个盛有沸腾盐水的锅中，将菜豆煮3分钟左右。在滤器中将其沥干，用冷水冲洗以让菜豆变得更新鲜，然后再次将其彻底沥干。

3 将土豆沥干并将它们放在一旁静置，直到将它们放凉到能用手拿为止，然后将土豆切成厚片。让土豆片完全冷却。

4 将蒜、欧芹和罗勒加入法式调味汁并搅拌均匀。检查味道如何。

5 将莴苣叶分开，然后将莴苣叶分别摆在4个上菜盘中。加入土豆、豆子、番茄、鸡蛋、油渍黑橄榄和青葱，将它们摆成吸引人的形状。先将金枪鱼切成厚块，然后将鱼块放在沙拉上，每人的餐盘顶部都放上2片凤尾鱼鱼片。

6 淋上法式调味汁。用保鲜膜松松地罩住沙拉盘并在上菜前将其放在冰箱里冷冻1小时左右。

炭烤金枪鱼鱼排

1 当烤锅或炒锅在炉盘上加热时，将橄榄油刷在金枪鱼鱼排的两侧。

2 将一面鱼排烤或煎3分钟，然后将金枪鱼翻面，烤或煎另一面。给做好的鱼排加调料调味。

凉拌卷心菜

自制的凉拌卷心菜是最好的。我常提前一天做这道菜，这样就有充足的时间让各种味道混合在一起。有些人喜欢加一些小葡萄干，但这取决于您。将剩下的蛋黄酱放在冰箱中，紧紧地盖好，时间上不能超过2天。

原料

4~6人份

半个白球甘蓝，约325克，去芯并撕碎
4~6汤匙法式调味汁（见236页）
半个小洋葱，去皮并细细切碎
1茶匙第戎芥末酱
盐和现磨的黑胡椒
3根芹菜茎，切成薄片
2个胡萝卜，去皮并大致磨碎
150毫升蛋黄酱

制作200毫升蛋黄酱所需的原料

2个大蛋黄
1茶匙第戎芥末酱
盐和现磨的黑胡椒
150毫升橄榄油或葵花籽油
2茶匙柠檬汁或白葡萄酒醋
少许糖（可选）

每份含

卡路里：324
饱和脂肪：4克
不饱和脂肪：26克
钠：125毫克

烹饪方法

1 将白球甘蓝放在一个大碗中并加入法式调味汁、洋葱、芥末酱、盐和黑胡椒。摇匀。封严碗口并放在冰箱里冷冻8个小时左右。

2 按如下所示的方法做蛋黄酱，先将所有原料置于室温。您要确保慢慢地加油。

3 将芹菜和胡萝卜加到白球甘蓝中，摇晃，使其混合。然后加入蛋黄酱并搅拌均匀。封严碗口并冷冻1个小时。在上菜前检查味道如何。

传统蛋黄酱的做法

1 将蛋黄、芥末酱、盐和黑胡椒放入一个碗中并搅拌，直到蛋黄变得有点稠。

2 加入油，开始时每次加一滴，搅拌，直到混合物变浓稠。如果您喜欢，拌入柠檬汁或醋和糖，搅匀。

快速做好蛋黄酱的方法

1 将蛋黄、芥末和调料放入装有金属刀片的食品加工器中。

2 随着刀片的转动，以细流平稳而缓慢地加入油。依个人口味加入柠檬汁或醋和糖。

保存凝乳的蛋黄酱

如果鸡蛋或油在混合的时候太凉，油加得过多或油倒得太快，都会发生凝乳现象。要保存蛋黄酱，加入1汤匙热水并搅打均匀。或者，重新准备好新鲜的蛋黄和油，并在鸡蛋和油变稠后慢慢地加入凝乳的混合物。

夏季蒸粗麦粉

在这款沙拉中，很小的蒸粗麦粉粒的味道来自于与其混合的蔬菜、香草和调味料。作为夏季午餐或晚餐中的一道菜，它准备起来既快又简单，而且也非常适合与精选的冷肉搭配在一起。

原料

4~6人份

400毫升蔬菜高汤（见30页）
150克新鲜的芦笋，修剪好并切成2.5厘米长的段
250克蒸粗麦粉
盐和现磨的黑胡椒
用1个柠檬榨的柠檬汁
3汤匙橄榄油
6棵青葱，修剪好并切成片
150克糖荚豌豆
50克烤松仁
3汤匙切碎的新鲜欧芹
3汤匙切碎的新鲜薄荷
楔形柠檬块，备用

每份含

卡路里：374
饱和脂肪：2克
不饱和脂肪：19克
钠：432毫克

烹饪方法

1 给锅中的高汤加热并煮沸。加入芦笋，盖盖并煮3分钟。

2 将蒸粗麦粉放入一个大碗中。将滤器置于碗上并倒入高汤和芦笋。当滤出高汤后，拿走滤器，将盐和黑胡椒加到蒸粗麦粉中并搅拌均匀。盖盖后放在一旁冷却。

3 用冷水冲芦笋，令其快速冷却。然后将芦笋放在厨房纸上沥干，以去掉所有多余的水分。

4 将柠檬汁和橄榄油加到蒸粗麦粉中并摇晃使其混合。加入芦笋、青葱、糖荚豌豆、烤松仁及切碎的欧芹和薄荷。摇匀，然后检查味道如何。与楔形柠檬块一起在室温下端上桌。

变式：塔博勒沙拉。将蒸粗麦粉替换为相同数量的上好的布格麦。

关于糖荚豌豆

与蜜豆一样，糖荚豌豆（也叫荷兰豆）是在豆子还没有完全发育好之前就被收割的，因此，它们是与豆荚一起吃的。如果您将它们斜切成薄片，而不是将整个糖荚豌豆端上桌，您会发现它们吃起来更容易些。

我是如何烤松仁的

在烤盘上铺一层松仁。将松仁放到温度为190℃的烤箱中烤10分钟左右，中途摇晃一下，直到松仁变成金棕色。或者像烤芝麻籽那样烤松仁（见218页）。

甜点

美式苹果派

无论是家常的还是传统的，苹果派都是一顿特别的饭菜中的完美甜点。在取悦食客方面它从未失败过，而且出人意料的是，它还特别好做。窍门是外面的派皮酥脆金黄，内部的果肉柔软多汁且不散型。酥脆而清淡的派皮常常是在凉爽的厨房用冷却了的原料和酷酷的工具做的。

 6人份　　 准备时间：45分钟，外加30分钟冷冻时间　　 烹饪时间：40~50分钟

原料

350克普通面粉，外加额外的面粉用于涂撒

175克硬块人造黄油，外加额外的人造黄油用于涂抹

约6汤匙冷水

1千克做甜点用的苹果或煮苹果

用1个小柠檬榨的柠檬汁

85克糖，外加1汤匙糖用于浇汁

1.5汤匙玉米粉

1汤匙牛奶，用于浇汁

特殊设备

一个直径为23厘米的馅饼烤盘和一个烤盘

每份含

卡路里：546

饱和脂肪：11克

不饱和脂肪：13克

钠：241毫克

厨师笔记

甜度

仅用规定数量的糖，如有必要，在进餐时再另上糖，尤其是如果您用的是煮苹果时，因为煮苹果不如做甜点的苹果那么甜。糖能将果汁从水果中流出，如果放的糖过多，在烘焙的过程中就会溢出，并粘住烤箱底部。

提前准备

您可以将面团用保鲜膜包好，放在冰箱里冷藏24小时。

做面团和擀面团

 准备时间：15分钟，外加30分钟冷冻时间

成功关键
用保鲜膜重新将您没有立即使用的面团包起来，这样面团就不会干裂。

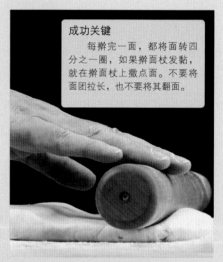

成功关键
每擀完一面，都将面转四分之一圈，如果擀面杖发黏，就在擀面杖上撒点面。不要将面团拉长，也不要将其翻面。

1 做面团（见原料和272页），用保鲜膜将其包好并冷藏30分钟左右。将一半的面团从保鲜膜中取出。

2 在您的操作台和擀面杖上撒点面粉。将面团擀平。从中心向外擀，将面团擀成一个直径约为35厘米的圆饼。

铺馅饼烤盘

 准备时间：5分钟

成功关键
在放入面皮之前不要给烤盘涂油；这没有必要，而且还会使面皮粘住烤盘。

1 用沾有面的手将擀好的面皮对折，然后再对折，形成一个扇形。将其放在烤盘中，扇形的顶点放在烤盘的中心。这将有助于减少对面的拉伸。

2 打开面皮并将其慢慢地放进烤盘中，不要拉伸或扯。不要担心面皮露到烤盘边缘以外，因为一会儿要修边。

做派馅

准备时间：10分钟

成功关键
在苹果片上洒柠檬汁既有助于防止苹果变成棕色，又能给派提味。

1 将烤盘放入烤箱中并将烤箱预热到220℃。将苹果去皮、去核并切成薄片（见210页）。先加入柠檬汁摇匀，再加入糖和玉米粉。

2 将苹果放入铺好面皮的烤盘中，然后用一把叉子来分苹果片，将苹果片朝面皮中心堆集。将少量牛奶刷在面皮边缘。

完成苹果派的制作

 准备时间：15分钟　　　烹饪时间：40~50分钟

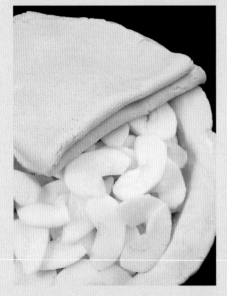

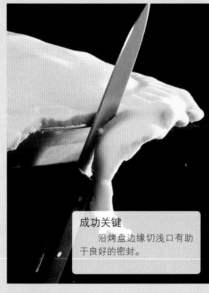

成功关键
沿烤盘边缘切浅口有助于良好的密封。

1 揭开裹在剩余那块面团上面的保鲜膜。像之前那样将面团擀成面皮，并将面皮叠成扇形，盖在派上。

2 往下按压派皮边缘。修剪多余的派皮。水平握刀，沿派的切边割开。

3 如图所示的那样压出褶皱（另见273页）。在顶部刷上牛奶。在派的中央切一个1厘米长的蒸汽孔。

成功关键
蒸汽孔能够让蒸汽排出，从而保持面皮酥脆。

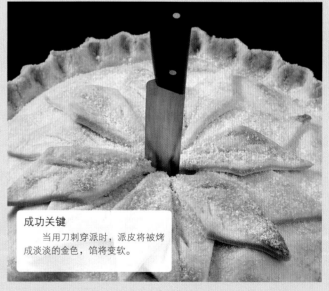

成功关键
当用刀刺穿派时，派皮将被烤成淡淡的金色，馅将变软。

4 重新将剩余的面皮擀平，切出装饰性的形状，并放在派的顶部，留出蒸汽孔。在装饰性面皮上刷上牛奶并将糖撒在派上。

5 将派放在烤盘上烘焙15分钟左右，然后将烤箱温度调至180℃并烘焙30~35分钟。

"我喜欢趁热将我做的苹果派端上桌,并配以奶油、蛋奶沙司或优质的香草冰激凌。"

酥皮李子甜点

冬季，在周日午餐之后的任一天，酥皮李子甜点都是完美的。我有时会用杏或黑莓和苹果来代替李子，相同的甜点浇头与这些水果也很搭配。将浇头轻轻地撒在水果上，让其保持美观、松脆。

原料

4~6人份

750克李子，切半并去核

45克砂糖

2汤匙水

制作浇头所需的原料

225克普通面粉

100克黄油（室温），切成立方体

45克砂糖

每份含

卡路里：680

饱和脂肪：15克

不饱和脂肪：21克

钠：194毫克

烹饪方法

1 将烤箱预热到180℃。将李子放入长约25厘米、宽约20厘米、深约5厘米的烤盘中。将糖和水撒在水果上。

2 制作甜点浇头：将面粉放在碗中并加入黄油。按如下所示的方法将黄油揉进面粉中，然后拌入糖，搅匀。

3 将甜点浇头均匀地撒在李子上。烘焙45分钟，或直到浇头变成金棕色并且果汁开始冒泡为止。用串肉扦来检测李子是否变软；如果还没软，用铝箔盖住甜点继续烘焙10~15分钟。趁热与奶油或蛋奶沙司（见266页）一起端上桌。

变式：酥皮苹果甜点。 用750克煮苹果和75克无核小葡萄干来代替李子，用浅黑砂糖来代替白砂糖。如果您喜欢的话，可以一半用全麦、一半用白面，或用燕麦粥或木斯里（发源于瑞士的一种流行营养食品，主要由未煮的麦片、水果和坚果等组成）来代替一半的面粉。

完美的酥皮甜点

好的酥皮甜点所含脂肪和面粉的比例适当，并且其口感就像上好的面包屑一样。如果脂肪过多，浇头就会融化；可如果脂肪过少，浇头则将变干。将黄油轻轻地揉进面中；千万不要用手指将其弄碎，不要将质地做得太细腻，否则您将很难咽下浇头。

我是如何制作甜点浇头的

1 用指尖轻轻地将黄油揉进面里，通过这样的方式将面与黄油混合在一起。质感应类似于优质的面包屑。

2 将糖加到面粉和黄油的混合物中，然后用汤匙舀取浇头在水果上均匀地撒上一层，尽可能多地盖住水果。

苹果馅薄煎饼

这些苹果馅薄煎饼是用黄油和糖做的，是一款非常淘气而又特殊的甜点。在款待客人时，它是非常有用的一道菜，因为您可以提前准备，只要在上菜前20分钟将其迅速放入烤箱即可。

原料

4人份

65克不加盐的黄油，外加额外的不加盐的黄油用于涂抹

1个柠檬的柠檬皮，磨碎

用半个柠檬榨的柠檬汁

500克煮苹果或做甜点用的苹果，去核、去皮并切成厚片

50克德麦拉拉蔗糖

葵花籽油，用于涂抹

8厘米×23厘米薄煎饼（见228页及下文）

香草冰激凌或新鲜的奶油，备用

每份含

卡路里：336

饱和脂肪：11克

不饱和脂肪：7克

钠：53毫克

烹饪方法

1 制作面糊（见228页；与做约克郡布丁所用的面糊是一样的，只是省去额外的蛋黄）。搁置30分钟左右。

2 同时，用小火将不粘食物的大炒锅中的25克的黄油融化。加入柠檬皮和柠檬汁，搅拌均匀，然后将锅从火上移开。加入苹果，并用混合物将苹果裹上。

3 将锅再次置于小火上，盖盖煮5~10分钟，或煮到苹果虽变软但却仍保持其形状不变。将锅从火上移开。加入一半的糖并轻轻搅拌。放在一旁备用。

4 按如下所示的方法制作薄煎饼，最好用直径为23厘米的不粘食物的煎蛋锅或煎饼锅。在每次加面糊之前，用中火给锅加热1~2分钟，然后用一块在葵花籽油里浸过的厨房纸来擦锅。

5 将烤箱预热到200℃并将黄油涂在烤盘上。将苹果馅分到各个薄煎饼中。将每张煎饼的边缘都向内折叠，要盖住馅，做成一个方包裹的形状。将包裹摆放在烤盘中，有封口的一面朝下。

6 融化剩下的黄油并将黄油刷在煎饼上，然后撒上剩下的糖。不盖盖烘焙20分钟，或直到煎饼变得滚烫。将煎饼与香草冰激凌或新鲜的奶油一起端上桌。

如何做完美的薄煎饼

1 像（上面）第4步所描绘的那样给热锅涂上黄油，然后用匙盛足够的面糊盖住锅底，将锅倾斜，以使面糊均匀摊开。

2 用中火煎1分钟，或煎到煎饼的底面变为金黄色。掀开煎饼边缘，将煎饼翻过来。

3 将煎饼的另一面煎30秒，或直到煎饼的这一面也变为金黄色。将煎饼滑到盘子上。重新给锅加热，并再次热油，然后再做下一张煎饼。

面包黄油布丁

您可以提前准备并配备这道布丁，最好留出至少一个小时的时间让牛奶、奶油和鸡蛋充分渗入面包中。然后在您需要布丁前，将它烘焙40分钟左右，从烤箱里拿出来后便立即端上桌——布丁会膨胀，颇为壮观。

原料

6人份

12片薄的白面包片，去掉面包皮

约125克黄油（室温），外加额外的黄油用于涂抹

175克无核小葡萄干

2个柠檬的柠檬皮，磨碎

125克德麦拉蔗糖

300毫升半脱脂牛奶

300毫升高脂厚奶油

2个大鸡蛋

每份含

卡路里：746

饱和脂肪：29克

不饱和脂肪：19克

钠：484毫克

烹饪方法

1 将每片面包片的一侧都涂上一层厚厚的黄油。将每片面包片斜切为两半。将黄油轻轻地涂在容量为1.7升的烤盘上，并在烤盘底部摆上12片三角形面包，涂有黄油的一面朝下。

2 撒上一半的无核小葡萄干、柠檬皮和糖。上面摆上剩下的面包，涂有黄油的一面朝上。撒上剩下的无核小葡萄干、柠檬皮和糖。

3 将牛奶、奶油和鸡蛋放在一起搅打，并将混合液滤入面包中。搁置1个小时，这样面包便能吸收一些液体。同时，将烤箱预热到180℃。

4 烘焙40分钟左右，或直到布丁顶部的面包片变成金棕色，变得酥脆可口，而且蛋奶沙司混合物也完全凝固。立即端上桌。

变式：带果酱的面包黄油布丁。 在将所有的面包片都涂上黄油之后，再将6片面包片涂上厚厚的果酱。将面包片分成两部分，并将涂有黄油的面包片摆放在烤盘中，涂有黄油的一面朝下。撒上无核小葡萄干、柠檬皮和糖，然后将剩下的三角形面包摆在上面，涂有果酱的一面朝上。

将柠檬皮磨碎

将柠檬在磨碎器的中格处上下来回搓，仅去掉柠檬皮即可，丢掉苦涩的白色衬皮。为了得到柠檬皮，最好买不上蜡的柠檬或在取皮前将柠檬洗净。

黏黏的仔姜太妃布丁

很少有人能抵御得住辛辣的生姜布丁和热乎乎而又黏黏的太妃酱的双重诱惑。用煎鱼锅铲或铲刀将方布丁从烤模中取出并端上桌。如果它适合您，提前做好太妃酱并重新加热。

原料

8人份

90克黄油（室温），外加额外的黄油用于涂抹

150克浅黑砂糖

2个大鸡蛋

175克自发面粉

1茶匙发酵粉

5块浸泡在糖浆中的仔姜，沥干糖浆并细细切碎

制作酱汁所需的原料

125克黄油

175克浅黑砂糖

6汤匙高脂厚奶油

每份含

卡路里：539

饱和脂肪：19克

不饱和脂肪：12克

钠：346毫克

烹饪方法

1 将烤箱预热到180℃。给一个很深的18厘米见方的蛋糕烤模涂上黄油并将烘焙纸铺在烤模底部。

2 将黄油和糖放在一个大碗中，并按如下所示的方法将混合物搅成糊状。加入鸡蛋，再加入面粉和发酵粉。充分搅打直到混合物充分混合并变得光滑细腻。

3 拌入仔姜，再拌入175毫升的热水，搅匀。将混合物倒入烤模中。

4 在烤箱中烘焙45~50分钟，或直到布丁充分膨胀起来，顶部变为棕色，且摸起来很有弹性为止。

5 在布丁做好前10分钟左右，开始做太妃酱：将黄油和糖放入一个小锅中并慢慢加热，搅拌，直到黄油融化，糖溶解。拌入奶油搅匀并慢慢加热，以将太妃酱热透。

6 将布丁切为8块大小相等的正方形并转移到上菜盘上。用匙舀出太妃酱洒在布丁上并立刻端上桌。

制作布丁混合物

1 用电动搅拌器或木勺将黄油和糖搅拌成稀松的糊状。刮净碗内壁上的残留物以合并所有的混合物。

2 打入鸡蛋，每次一个，每次添加鸡蛋后都要搅打。加入面粉和发酵粉并搅拌，直到混合物变得光滑细腻。拌入姜和水搅匀。

传统英式屈莱弗叠层蛋糕

　　如果没有英式屈莱弗叠层蛋糕，圣诞节也就索然无味了，但在一年的任何时候，这种蛋糕都会令人满意。如果时间仓促，您可以通过买蛋奶沙司来弄虚作假，但要确保您用的是罐装的蛋奶沙司。虽然用硬纸盒包装的蛋奶沙司非常好吃，但对于这个食谱来说还是有点稀。

原料

8人份

一罐400克的白桃或白梨，对半切开
6块屈莱弗海绵蛋糕
4汤匙草莓酱或山莓酱
60克果仁饼干或蛋白杏仁饼干
75毫升半干的雪利酒

制作蛋奶沙司所需的原料

300毫升牛奶
1个裂开的香草豆荚
3个大蛋黄
30克细白砂糖
1茶匙玉米粉

制作浇头所需的原料

300毫升高脂厚奶油或发泡鲜奶油
30克烤杏仁片，做装饰

每份含

卡路里：336
饱和脂肪：11克
不饱和脂肪：11克
钠：60毫克

烹饪方法

1 沥干并将水果切成片，保留3汤匙罐子里的果汁。扔掉其余的果汁。将屈莱弗海绵蛋糕横向对切，在两半海绵蛋糕中间夹入果酱。

2 将屈莱弗海绵蛋糕铺在玻璃上菜碗底部，并将水果和饼干放在上面。淋上雪利酒和保留的水果汁，按如下所示的方法，在您做蛋奶沙司的时候让雪利酒和水果汁充分渗入蛋糕中。

3 当蛋奶沙司稍微冷却时，将其倒在海绵蛋糕、水果和饼干上。用保鲜膜盖住蛋奶沙司的表面，以防止其表面结皮，最好在晚上将其冷藏直至凝固。

4 搅打奶油，直至奶油变得浓稠，去掉蛋奶沙司上的保鲜膜并将奶油涂在蛋奶沙司上。将杏仁撒在顶部做装饰。冷却以后再端上桌。

制作浓稠而又光滑细腻的蛋奶沙司

1 给锅中的牛奶加热，直到牛奶变热。关火并加入香草豆荚。盖上锅盖并浸泡20分钟。

2 在一个碗中，将蛋黄、糖和玉米粉搅拌至混合。将豆荚从牛奶中取出。

3 将牛奶拌入蛋黄混合物搅匀。再将混合物倒回锅中，用小火加热并用木勺搅拌。

4 煮5分钟左右，用木勺搅拌，直到蛋奶沙司变得光滑细腻并裹在勺背上。

夏季布丁

虽说这是一道经典的夏季布丁，但您可以用蓝莓、黑莓和罗甘莓等各种无核小水果并与其他混合水果一起端上桌。通常，我做的布丁的量是本食谱的两倍，我将一份布丁放在冰箱里。

原料

6人份

8片变硬的中等大小的白面包，去掉面包皮
200克草莓
200克红醋栗
200克黑醋栗
150克细白砂糖
200克山莓
2汤匙木莓白兰地酒或黑醋栗酒

每份含

卡路里：235
饱和脂肪：0.1克
不饱和脂肪：0.7克
钠：191毫克

烹饪方法

1 将1片面包放在一个容量为1.2升的布丁碗底部，如果需要的话，就将面包切成适合的形状，然后将5片面包铺在碗的侧面。面包片应该很好地贴合。

2 按如下所示的方法摘掉花萼并将草莓洗净，如果草莓很大，就将它们切半。用一把叉子将红醋栗和黑醋栗从茎上除去。像洗草莓那样洗红醋栗和黑醋栗。

3 将红醋栗、黑醋栗与糖和75毫升水放在一起。慢慢加热直到果汁开始流出。搅拌至糖溶解并煮至所有的水果稍稍变软。

4 将锅从火上移开并加入草莓、山莓（不用洗，否则它们将跑味）和酒。用匙将水果和一半的果汁盛入铺有面包的碗中，保留剩余的果汁。用剩下的2片面包盖住水果。

5 将碗搁置在一个浅盘子中，以接住可能溢出的果汁，然后将一个茶碟放在面包盖的上面。将厨房秤放在茶碟上。冷冻8小时。

6 将布丁翻倒在一个上菜盘上并用匙舀取保留的果汁浇在布丁顶部。

摘掉花萼并将草莓洗净

1 从每个草莓顶部拔出绿色的花萼。如果很难去掉花萼，就用去皮刀的刀尖来去除花萼。扔掉花萼。

2 将草莓放在一个滤器中，在冷自来水下冲洗，尽可能简单地冲一冲。轻轻地摇晃滤器，这样就不会擦伤水果了。

3 将一张加厚的厨房纸铺在烤盘上。再将水果散放在厨房纸上，轻轻地摇晃烤盘，这样水果就会全方位变干。

热带水果沙拉

令人精神焕发而又清淡易消化的热带水果沙拉是丰盛大餐之后的一道完美甜点。如果您用的水果都是熟透了的，您也许喜欢不再加糖。芒果是个很好的补充，它能为这道菜增色，但它必须是完全熟透了的。

原料

4~6人份

2个皮薄的橙子
1个葡萄柚
1个小的成熟的菠萝
1个小的成熟的瓜
1个石榴
200克无籽黑葡萄，切半
50~75克细白砂糖（可选）

每份含

卡路里：247
饱和脂肪：0克
不饱和脂肪：1克
钠：63毫克

烹饪方法

1 按如下所示的方法给橙子去皮并分瓣，然后将葡萄柚分瓣：将水果横向对切，将刀在皮里转一圈，切断白膜，使橙子瓣脱离出来。将橙子瓣和葡萄柚瓣放在一个大碗中。

2 按如下所示的方法给菠萝去皮，去芯并将菠萝切成片。将瓜切成立方体。将柑橘类水果加入碗中。

3 将石榴切半并取出石榴籽。将它们与葡萄一起加到碗中。撒上糖（如果用的话）并轻轻地搅拌使之混合。在上菜前将混合物盖盖冷藏2个小时。

将橙子分瓣

1 用厨师刀将橙子两端的橙皮切下。将橙子直立，切去橙皮。

2 用去皮刀沿每个薄膜的两侧向下切，使橙子瓣从中央脱离出来。

给菠萝去皮、去芯并将菠萝切成片

1 切去菠萝顶部的冠芽和底部，将菠萝直立并削去菠萝皮。尽可能多地去除菠萝眼。

2 将菠萝纵切为4等份。切去每份菠萝中央的纤维芯。

3 将四分之一个菠萝横切成厚块。如果您喜欢，还可以将这些菠萝块再对切，以得到更小的菠萝块。

大师课堂：

做面团

一旦掌握了制作面团的艺术，您便能创作出各式各样的乳蛋饼、果馅饼和馅饼。保持原料和炊具凉爽，尽可能少地捏面团，在使用面团之前将其冷藏，否则它将会在烤箱中收缩。

油酥面团

常被用来做甜美可口的果馅饼和馅饼（有时需加糖）的油酥面团是最普通、用途最为广泛的一种面团。若想知道如何将面团擀开并将面皮铺在馅饼烤模中，请参见254~255页。若想知道如何用盲眼烘焙法处理面皮，请参见274页。

如何做油酥面团

1 将350克的普通面粉放在一个碗中。将175克的硬块人造黄油切成小立方体，加入面粉中。

2 用指尖将黄油和面粉揉在一起，直到黄油和面粉充分混合。

3 继续揉搓，不时地晃晃碗，这样大块黄油就被晃到表面上来了。

4 当所有的黄油都被充分揉进面里时，混合物看起来像上好的面包屑。

5 加入约6汤匙的冷水，每次一匙。在每添一匙冷水之后用刀将面和水混合在一起。

6 当混合物刚开始形成软软的块时，添入足够的水。

7 轻轻地将面团拢在碗的一个侧面并将其取出，放在操作台上。

8 轻轻地给面团塑形并将其轻拍成一个粗糙的球，用保鲜膜将面团裹起来，冷冻30分钟。

其他类型的面皮

千层酥皮常被用作甜蜜可口的馅饼顶部的外壳。尽管随处都可以买到现成品，但并不是所有牌子的千层酥皮都是用黄油做的。尽管在家里便可以很容易地做出甜面皮，但我还是建议您购买薄酥皮和点心面皮。

如何快速做千层酥皮

1 将250克普通面粉放入一个碗中。加入每块重90克的冷冻过的黄油块和白色植物油块。搅拌，用面粉将其裹上。加入150毫升冷水。用刀使生面团黏合。

2 将生面团擀成长方形。将长方形的面皮三等分，将下方三分之一的面皮向上折，上方三分之一的面皮向下折。按压边缘处封口。裹上保鲜膜并冷冻15分钟。将叠边置于两侧。

3 将生面团擀成长方形并像之前那样折叠，转动生面团，这样叠边被再次置于两侧。将这个过程再重复两遍。裹上保鲜膜并冷冻30分钟。

甜面团

甜面团是比油酥面团更香浓的面团，常被用来做甜味果馅饼和小的果馅饼。用指尖将200克普通面粉与90克黄油（室温）、60克白砂糖和3个蛋黄混合在一起，接下来的步骤同油酥面团的做法（见272页）。

做面团的诀窍

· 您可以用一个食品加工器来做油酥面皮：让面粉与黄油一起震动，直到混合物的质地看上去像面包屑，然后加入水并再次让机器震动，但震动时间要短，否则面皮将会变硬。

· 可以用保鲜膜将没被烘焙的油酥面团裹起来并放在冰箱里保存一两天。

· 可将面团放在烤模中冷冻。烘焙过的面团可以放在冰箱里储存4~6个月，未烘焙过的面团能保存2~3个月。

试着为馅饼做饰边

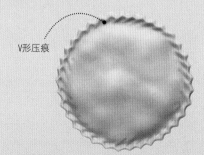

V形压痕

压出褶皱形的
捏住外缘，同时用另一只手的食指将内缘推出（见256页）。

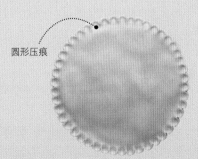

圆形压痕

有扇形饰边的
用食指按住面皮的边缘并用刀尖将您手指两侧的生面团切割成锯齿状。

固定在面皮边缘的辫子形

编成辫子形的
将剩余的面皮切成3条并辫在一起。用水将面皮边缘弄湿；将编好的辫子按下去。

柠檬馅饼

虽然做柠檬馅饼要花些时间，但却很值得努力一试。您可以给那些喜欢味道更香浓、更甜的面皮的人做甜面团（见273页）。如果您没有烤豆，就用干面团。将干面团放在一个罐子里，这样您还可以再用。

原料

8~10人份

5个大鸡蛋

125毫升高脂厚奶油

4个柠檬的柠檬皮，磨碎，柠檬肉榨成柠檬汁

225克细白砂糖

糖粉，用于涂撒

制作面团所需的原料

250克普通面粉，外加额外的面粉用于涂撒

125克黄油（冷藏），切成立方体

60克细白砂糖

1个鸡蛋

每份含

卡路里：413

饱和脂肪：12克

不饱和脂肪：10克

钠：139毫克

烹饪方法

1 制作面团：将面粉放在一个大碗中。加入奶油并用指尖搓，直到混合物像细面包屑那样（见272页）。拌入细白砂糖搅匀，然后将鸡蛋和1汤匙水混合在一起，直到面团变成一个球形。

2 在撒有面粉的操作台上将生面团擀开，并将其铺在一个直径为28厘米的浅的活底带凹槽的果馅饼模中（见254~255页）。在冰箱中冷冻30分钟。将烤箱预热到220℃。

3 在一个碗中搅打鸡蛋并加入奶油、柠檬皮和柠檬汁以及细白砂糖。搅拌，直至混合物变得光滑细腻。

4 按如下所示的盲眼烘焙法处理面皮，以确保面皮不是湿乎乎的。将面团从烤箱中取出，令其冷却并将烤箱温度调至150℃。

5 将柠檬混合物倒入冷却了的酥皮中。烘焙35~40分钟，或直到柠檬填料才刚刚凝固为止（用手摸时，它还是会有点颤动）。如果大部分面皮开始变成棕色，用铝箔松松地罩住柠檬馅饼。大概煮45分钟，在上餐前撒上糖粉。

6 将柠檬馅饼冷却一会儿，然后在柠檬馅饼表面撒上糖粉。在柠檬馅饼温热时或在室温状态下将其端上桌。

用盲眼烘焙法处理面皮

1 将烤箱预热到220℃。用一把叉子在面皮上戳孔，以防在烘焙的过程中产生气泡。

2 将烘焙纸铺在馅饼模底部和侧面，并用烤豆压住烘焙纸，使其不翘起。将馅饼模放在烤盘上烘焙10分钟。

3 拿走豆子和烘焙纸并将腾空的面皮再继续烘焙10分钟，或直至面皮略呈棕色。为露出馅饼模边缘的面皮修边。

菠萝仔姜帕夫洛娃蛋糕

　　帕夫洛娃蛋糕是一道令人印象深刻的宴会甜点，它从来都是令人满意的。菠萝和姜构成了两种味道的有趣混合。在烘焙后，小心地将蛋白霜从烘焙纸上拿走；如果帕夫洛娃蛋糕做好了，留下的烘焙纸将是干净的。

原料

4~6人份

3个大鸡蛋的蛋白（室温）
175克细白砂糖
1茶匙醋
1茶匙玉米粉
300毫升高脂厚奶油或发泡鲜奶油
一罐200克的原汁菠萝块，将果汁滤去
5块浸泡在糖浆中的仔姜，沥干糖浆并细细切碎

每份含

卡路里：513
饱和脂肪：19克
不饱和脂肪：10克
钠：116毫克

烹饪方法

1 将烤箱预热到150℃。将烘焙纸铺在烤盘上并在纸上标记出一个直径为20厘米的圆圈。

2 按如图所示的方法搅打蛋白，直到把蛋白打到硬性发泡为止。然后加入细白砂糖，每次加1茶匙，继续全速搅拌，直至蛋白变得光滑。将醋和玉米粉混合在一起，并与最后一匙糖一同搅拌到蛋白中。

3 用匙将蛋白霜舀在纸上画的圈上，将蛋白霜摊开，这样，边缘处就比中央稍微高点。将蛋白霜放在烤箱中烘焙1个小时。

4 拿走烘焙纸，关掉烤箱，将蛋白霜放在烤盘上并再放回到烤箱中。随着烤箱变凉，蛋白霜也将随之变凉。

5 将蛋白霜转移到一个大浅盘中。搅打奶油，直到奶油变稠。将奶油放在蛋白霜中央，并在上面放上菠萝和仔姜。

　　变式：夏季水果帕夫洛娃蛋糕。用草莓、山莓和蓝莓等柔软的夏季水果来代替菠萝和姜。

搅拌窍门

　　在搅打蛋白时，如果鸡蛋是室温而不是凉的，您就会得到更多的蛋白霜，因此，在您要用鸡蛋时，最好提前30分钟将鸡蛋从冰箱中取出。所用的设备必须极其干净、干燥。一旦您搅打蛋白，就必须立刻使用蛋白。

将蛋白搅打至硬性发泡

1 将蛋白放在一个大碗中。将电动搅拌机调到全速挡，开始搅拌，让搅打器绕着碗转动。

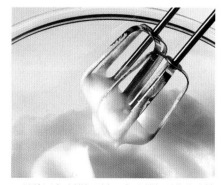

2 继续以全速搅打蛋白，仍让搅打器绕着碗转动，直到将蛋白搅打至硬性发泡。立即使用。

蛋白霜配山莓酱

您可以提前准备蛋白霜，做好的蛋白霜如放在一个密封罐中保存的话，能保存一个月之久。在最后一刻再在两个蛋白霜中间夹入奶油，这是因为奶油会让蛋白霜变软。山莓酱也适合于其他的甜点，尤其是用匙舀到冰激凌上。

原料

4人份

2个蛋白（室温）
100克细白砂糖
450毫升高脂厚奶油或发泡鲜奶油
300克山莓，备用
新鲜薄荷叶，做装饰

制作水果酱所需的原料

300克山莓
用半个至1个柠檬榨的柠檬汁，依个人口味
糖粉，依个人口味

每份含

卡路里：400
饱和脂肪：19克
不饱和脂肪：10克
钠：55毫克

烹饪方法

1 制作山莓酱：用装有金属刀片的食品加工器将山莓做成山莓泥（不要洗山莓，否则它们会跑味）。用滤网将山莓泥滤一下，以去掉籽。

2 将柠檬汁加到山莓酱中，然后依个人口味添加白砂糖令其变甜。盖好盖并冷冻，直到准备上菜时再取出。

3 将烤箱预热到140℃。按如下所示的方法用蛋白和白砂糖做蛋白霜。

4 将奶油搅打至浓稠。在两个蛋白霜中间夹入奶油。

5 用匙舀出山莓酱，分别放在4个甜点盘中，在每个甜点盘中都形成一片山莓酱之泊。在每片山莓酱之泊上都放上一对蛋白霜。如果您喜欢，可撒上糖粉。

6 将山莓平均分在各个盘子上，将它们放在蛋白霜旁，并用新鲜的薄荷叶做装饰。

制作造型优美、口味清淡的蛋白霜

1 将蛋白放在碗中，并用电动搅拌机全速搅拌，直到蛋白变硬。加入白砂糖，每次加1茶匙，继续搅拌直到蛋白变得光滑。

2 将一张烘焙纸覆盖在烤盘上。将8中匙混合物放在烘焙纸上，用匙背做出吸引人的旋涡图案。

3 将混合物烘焙45~60分钟，直到其变硬、变脆。拿起一个蛋白霜，检查是否可以很容易地将它从纸上取下来。将蛋白霜稍微冷却，然后用煎鱼锅铲将它们取出。

芒果激情

这是一道可以提前做的甜点，很快就可以被做好而且又非常有用。如果您喜欢，可以在芒果中加入百香果香，或将芒果替换为您打算放入夏季布丁（见268~269页）中的夏季水果，另加少许糖。

原料

4人份

1个成熟的大芒果
90克浅黑砂糖
150克半脂鲜奶油
150克希腊式原味酸奶

每份含

卡路里：254
饱和脂肪：6克
不饱和脂肪：3克
钠：69毫克

如何买芒果

对所选的芒果的成熟程度要准确把控。当轻轻挤压时，能微微流出汁水的芒果是理想的选择。另外，芒果带茎的一端要香气扑鼻。不要买有黑点、瑕疵或皱痕的，看起来软塌塌的芒果。如果芒果没有熟，将其放在温暖的地方或一个纸袋中令其变熟。在室温下吃。

烹饪方法

1 按如下所示的方法去掉芒果核并将果肉切碎。将其均分在4个玻璃杯中或小烤盘中。加入芒果汁，然后给每个杯子里撒1茶匙浅黑砂糖。

2 在一个小碗中，将鲜奶油和酸奶调和在一起。用匙舀取混合物将其放在芒果块顶部。

3 将剩余的浅黑砂糖均匀地撒在奶油浇头上。在上餐前将甜点放在冰箱里冷冻2个小时。

变式：橙子激情。用3个皮薄的大橙子来代替芒果。先给橙子去皮，然后将橙子横切成圆片。将橙子片均分在玻璃杯或小烤盘里。其他的按主食谱做。

给芒果去核，切片、切丁

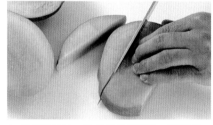

1 用一把厨师刀沿着平核的一侧将芒果垂直切开。另一面也重复上述操作。

2 将带果核的一块芒果的扁平的一面朝下，切去果肉，切的时候要沿着果核切。将果肉切丁。

3 用一把锋利的小刀，在半个芒果上画出纵横交错的图案。切到果皮处停刀，不要切断果皮。

4 按住皮，切成小块的果肉就会凸显出来，然后用一把锋利的刀紧贴着果皮切，以使果肉和果皮分离。

玛丽的成功秘方
甜点

1 一定要用食谱中指定的奶油类型，这是因为脂肪含量常常对成功来说至关重要。绝不要用低脂的替代品，除非食谱中建议使用。

热带水果沙拉，270~271页

2 如果您在准备一道油腻的主菜，最好选择以水果为主的甜点。如果您在准备花样繁多的甜点，水果味的甜点是必备的。

3 搅打过的滚边奶油更能增添甜点的专业性，只要多加练习，这并不难做。用一个裱花袋和一个喷嘴，最好用星星形状的。

4 在融化巧克力，尤其是白巧克力时要当心。不要将巧克力过度加热或让巧克力接触到任何蒸汽，因为这会将巧克力烤焦或变硬。

5 我常常用巧克力来装饰我的甜点，巧克力起到了画龙点睛的作用。只需将冷冻过的巧克力在磨碎器的大格处摩擦，或用蔬菜去皮器从巧克力上削下长长的巧克力卷（如果巧克力微温的话会更容易做）。

摩卡巧克力慕斯，286~287页

6 由于冷冻过的甜点可以被提前做好，因此非常适合晚宴。水果沙拉、屈莱弗叠层蛋糕、奶油慕斯、蛋白霜和奶酪蛋糕——所有这些甜点都可以被储存在冰箱或冰柜中，并在您准备开餐的时候端上桌。

美式苹果派，254~257页

7 为了从柑橘类水果中获得最多的果汁，将水果在操作台上轻轻地滚动并轻轻地按压。或者将微波炉调到高挡，热30分钟，直至水果摸起来稍稍温热即可。

8 将一点牛奶、搅打过的鸡蛋或蛋白刷在酥皮上会让做出来的甜点非常吸引人而且闪耀。撒上糖以使浆汁鲜嫩而甜蜜。

9 用剩余的面皮做小的装饰性形状，您可以将这些小装饰安在面皮上或面盖上。用手掰成或用刀具切成各种形状，并用水将它们粘上。

10 不论是热的还是凉的，大多数甜点能被很好地冷冻起来。然而，以蛋奶沙司为主，配牛奶的甜点并不能被成功地冷冻，因为它们很容易分离。

柠檬酸橙奶酪蛋糕

在本书介绍的所有甜点中，柠檬酸橙奶酪蛋糕是最容易做的。要想制作成功，您必须使用全脂炼乳和奶油芝士，这是因为如果您使用低脂的代替品，填料将不会凝固。

原料

4~6人份

10块消化饼干，碾碎
50克黄油，融化
25克德麦拉拉蔗糖
150毫升高脂厚奶油
一罐397克全脂炼乳
175克全脂奶油芝士（室温）
2个大柠檬的柠檬皮，磨碎，柠檬肉榨成柠檬汁
1.5个酸橙的酸橙皮，磨碎，酸橙肉榨成酸橙汁
150毫升高脂厚奶油或发泡鲜奶油，做装饰
半个酸橙，切成薄片，做装饰

每份含

卡路里：668
饱和脂肪：25克
不饱和脂肪：16克
钠：471毫克

烹饪方法

1 做面包皮：按如下所示的方法压碎饼干，然后将其和黄油、蔗糖一起放入一个中等大小的碗中并搅拌，直到所有的原料都彻底混合为止。

2 将面包片混合物全部倒入一个直径为20厘米的活底水果蛋糕烤模中，用力往下按，让其均匀地覆在烤模底部，烤模侧面的部分则需用一把金属勺的勺背来压。冷冻30分钟，直到混合物凝固。

3 制作配料：将高脂厚奶油、全脂炼乳和全脂奶油芝士与柠檬皮和酸橙皮一起放在一个碗中，充分混合。用打蛋器慢慢拌入柠檬汁和酸橙汁并继续搅拌，直到混合物变浓稠。

4 将柠檬和酸橙配料倒入面包皮中，并将其涂抹均匀。盖好盖并冷藏一晚。

5 上餐之前6小时，按如下所示的方法搅打奶油，直到奶油要变形为止。在奶酪蛋糕的顶部装饰上旋涡形状的搅打过的奶油和酸橙片，然后再将蛋糕放回冰箱。

压碎饼干

将饼干放在一个透明的塑料袋里。将塑料袋放在一个平面上并用一个擀面杖在饼干上来回擀，直到饼干变为饼干屑为止。

搅打奶油

1 将冷藏过的奶油放入一个冰过的碗中并开始慢慢地搅打，直到奶油开始变浓稠。（如果用电动搅拌机，请选用最低挡速。）

2 奶油变得浓稠以后，开始较快地搅打。举起搅拌器，看奶油是否变形。如果还未变形，继续多搅打一会儿。

摩卡巧克力慕斯

　　我喜欢味道香醇、质地如丝般光泽的巧克力慕斯，再配上少许咖啡，口感更是非比寻常。这道甜点的美在于您可以用匙将其盛到每个人的盘子中，迅速放进冰箱，在需要的时候又可以立刻端上桌。

原料

4人份

150克普通黑巧克力
2个大蛋黄
45克细白砂糖
150克全脂鲜奶油
150毫升高脂厚奶油或发泡鲜奶油
1茶匙速溶咖啡粒
巧克力卷或细细磨碎的巧克力，做装饰

每份含

卡路里：551
饱和脂肪：27克
不饱和脂肪：16克
钠：25毫克

烹饪方法

1 将巧克力掰开，放到一个耐热的大碗中，按如下所示的方法将碗置于装满水的锅上并用文火慢慢加热。碗的底部不能碰到水。待巧克力刚刚融化后将锅从火上移开，搅拌，让巧克力稍微冷却。

2 将蛋黄和细白砂糖放在一个耐热的中等大小的碗中。像第1步那样将碗置于装满水的锅上并用文火慢慢加热。用手持电动搅拌器来搅拌蛋黄和细白砂糖的混合物，低速搅拌4分钟，也可用打蛋器搅拌，只不过用打蛋器搅拌所需的时间要更长点。

3 当混合物颜色开始变淡，浓度变稠，不再给碗加热，继续搅拌几分钟。放在一旁稍微冷却，不时地搅拌，这样混合物就不会变硬。如果混合物变硬了，可拌入1~2茶匙的全脂鲜奶油以使其松软。

4 将奶油倒入中等大小的搅拌碗中并洒上咖啡。搅打奶油，直至将奶油搅打至湿性发泡为止，拌入鲜奶油。将奶油混合物调入冷却了的黑巧克力中，然后调入蛋黄混合物。确保所有的原料都充分均匀混合。

5 用匙盛入玻璃杯中并冷冻1个小时。按如下所示的那样装饰上巧克力卷或细细磨碎的巧克力（要用冷冻过的巧克力）。

融化巧克力

将巧克力放到一个耐热的大碗中，将碗置于装满水的锅上并用文火慢慢加热，直到巧克力刚刚融化。将锅从火上移开并搅拌，直至巧克力变得光滑且柔软滑腻。

做巧克力卷

要做巧克力卷，只需用蔬菜去皮器沿着巧克力棒扁平的一侧从下往上拉即可。巧克力略微温热时效果最好。

奶油焦糖布丁

　　最好提前一天做这道永恒的甜点，这样就有充足的时间让焦糖浸到蛋奶沙司中去。为了确保糖不结晶，不要用不粘锅来做焦糖，而且糖溶化后也不要搅拌。

原料

6人份

175克砂糖

4个鸡蛋

30克香草糖（见下文）

450毫升全脂牛奶

150毫升高脂厚奶油

每份含

卡路里：366

饱和脂肪：11克

不饱和脂肪：12克

钠：105毫克

制作香草糖

　　您可以买小袋香草糖或自己做香草糖，只需将裂开的香草豆荚按进一罐细白砂糖中，香草糖就做好了。几天以后，糖闻起来、吃起来都充满香草的味道。如果您没有香草糖，亦可用细白砂糖和1茶匙香草精代替。

烹饪方法

1 将烤箱预热到160℃。将砂糖和8汤匙水放入一个厚底锅中，锅置小火上加热，直至糖溶化。调大火，将混合物煮沸。在煮的过程中不要搅拌，煮至焦糖变为浅金色。

2 快速将滚烫的焦糖倒入6个小烤盘中。轻轻地旋转小烤盘，这样每个小烤盘内壁就会挂上焦糖，焦糖的高度是小烤盘的一半。放在一旁冷却。

3 同时，制作蛋奶沙司：在一个大碗中搅拌鸡蛋和香草糖。锅置中火上，给牛奶和奶油加热，直至混合物温热，然后将其倒入大碗中的鸡蛋混合物中，搅拌均匀。将蛋奶沙司中的液体滤进耐热的罐子中，并倒入小烤盘。

4 将小烤盘放在大烤盘中，加入足够的热水，热水高度至小烤盘的一半。

5 烘焙30~40分钟直至混合物刚好凝固，摸起来有点硬但还没完全成固态。将小烤盘从大烤盘上取下，冷却，然后冷冻8个小时。

6 用指尖轻轻地拽蛋奶沙司的边缘，将其从每个小烤盘内侧取出。在小烤盘顶部放一个上菜盘，将奶油焦糖布丁翻倒在上菜盘上。

将小烤盘添满

待焦糖冷却并凝固后，将罐子中滤出的蛋奶沙司倒在焦糖上，将混合物均分在6个小烤盘中。

蛋糕与饼干

维多利亚三明治蛋糕

一旦您烘焙过蛋糕，便再也不想买蛋糕了。与买来的蛋糕相比，自己做的蛋糕不仅尝起来更新鲜、更美味，而且它还让您的厨房充满了极为诱人的香味。这种一体化的方法（所有的原料都被同时放在一个碗中，并一起搅打）本身就非常简单。

 6人份　　　 准备时间：15~20分钟　　　 烹饪时间：20~30分钟

原料

225克黄油（室温）或蔬菜酱（脂肪含量至少达70%），外加额外的黄油或蔬菜酱用于涂抹
225克细白砂糖
225克自发面粉
2平茶匙发酵粉
4个大鸡蛋

制作填料和浇头所需的原料

约4汤匙山莓酱或草莓酱
少许细白砂糖，用于涂撒

特殊设备

2个直径为20厘米的活底、圆形、深三明治烤模

每份含

卡路里：511
饱和脂肪：8克
不饱和脂肪：17克
钠：513毫克

厨师笔记

购物的诀窍

使用已经切好的圆形烘焙纸可以帮助您节省时间，您可以从专业的厨师商店、百货商店和邮购公司买烘焙纸。

提前准备

蛋糕最好在烘焙的当天吃，但在密封容器中可保存1~2天，冷冻以后可保存3个月：将未涂果酱的两层蛋糕分别冻起来，蛋糕底部要放烘焙纸。用铝箔包裹每层蛋糕并将其放在一个冷藏袋里。

准备烤模

 准备时间：5分钟

成功关键

将黄油或蔬菜酱均匀地涂在烤模上，否则蛋糕不会完全发起来。

将烤箱预热到180℃。将烘焙纸剪成2个圆形，将黄油或蔬菜酱涂在三明治烤模上并将圆形烘焙纸放在烤模中。给圆形烘焙纸涂上（见300页）黄油或蔬菜酱。

制作混合物

 准备时间：10分钟

成功关键

发酵粉的用量要精准；发酵粉太多会让蛋糕变干。

1 将黄油或蔬菜酱放在一个大碗中，然后加入细白砂糖、自发面粉和发酵粉。每次打一个鸡蛋，把鸡蛋全打进一个碗中。

成功关键

小心不要过度搅拌。用木勺也会取得同样好的效果，但用木勺搅拌的时间会比较长。

2 将电动搅拌机调成低速挡，将混合物搅打2分钟，或直至混合物变得光滑细腻。当您将混合物举起时，被搅打得足够软的混合物会从搅拌器上滴落下来。

3 将混合物均分在准备好的蛋糕烤模中，并用铲刀或刮铲将混合物的表面抹平。铲刀或刮铲可将两个蛋糕的表面抹平。

大师食谱/Master Recipe

烘焙和组装蛋糕

 准备时间：5分钟　　　🕐 烹饪时间：20~30分钟

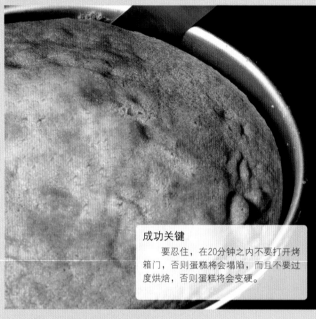

成功关键

要忍住，在20分钟之内不要打开烤箱门，否则蛋糕将会塌陷，而且不要过度烘焙，否则蛋糕将会变硬。

1 将每块蛋糕烘焙20~30分钟。当蛋糕做好以后，它们会从四周开始向内缩小，如果按一下蛋糕的顶部，它会弹回。冷却2分钟；用刀沿着蛋糕边缘切，使其与烤模侧面分离。

2 10分钟之后，将蛋糕连同烤模的活底一起从烤模中推出，将蛋糕倒置在一块厚的茶巾上，并将蛋糕下的活底拿走。在烤架的正确位置上将蛋糕冷却。

3 用铲刀令果酱变软。当蛋糕变凉时，移走衬纸并将一层蛋糕倒置在一个盘子中。涂上果酱，将另一层蛋糕放在果酱上，再撒上细白砂糖。

"我常常用质量非常好的果酱，有时我还加搅打过的奶油。"

柠檬细雨蛋糕

柠檬细雨蛋糕历来深受人们的喜爱，非常适合糕点义卖，这是因为它切口整齐、易于运输和保存。为了确保柠檬能渗入到蛋糕中，在蛋糕还温热的时候就将浆汁浇在蛋糕上。

原料

16块蛋糕

225克黄油（室温）或蔬菜酱（脂肪含量至少在70%以上），外加额外的黄油或蔬菜酱用于涂抹

225克细白砂糖

275克自发面粉

1茶匙发酵粉

4个大鸡蛋

4汤匙牛奶

2个柠檬的柠檬皮，磨碎

制作浆汁所需的原料

用2个柠檬榨的柠檬汁

175克砂糖

每份含

卡路里：297

饱和脂肪：4克

不饱和脂肪：8克

钠：242毫克

烹饪方法

1 将烤箱预热到180℃。将黄油或蔬菜酱涂在盘烤蛋糕烤模上，烤模长30厘米、宽23厘米、深4厘米，将烘焙纸铺在烤盘底部。

2 将黄油、细白砂糖、面粉、发酵粉、鸡蛋、牛奶和柠檬皮放在一个大碗中。用电子搅拌机搅打1~2分钟，或用一把木勺来搅打，直至混合物变得光滑细腻。只不过要是用木勺的话，搅打的时间会长些。

3 将混合物放入铺有烘焙纸的烤模中并涂抹均匀。用刮铲抹平，刮去碗的内壁上所有的混合物。

4 在预热过的烤箱中烘焙35~40分钟，或直至面膨起且摸起来有弹性。

5 用刀沿着盘烤蛋糕的边缘切，使其与烤模分离，然后将蛋糕转移到金属丝架上。

6 制作浆汁：将柠檬汁与糖混合并用匙将其舀在温热的蛋糕上。静置冷却，然后将蛋糕切成16块长方形的蛋糕块。

榨柠檬汁的诀窍

如果在您榨柠檬汁的时候柠檬是温热的，您可以获得更多的柠檬汁。为了给柠檬加热，将柠檬横着切成两半，微波炉调至高温挡给柠檬加热30秒，然后按本文所示的方法榨柠檬汁。您一定会感到惊讶，因为温热过的柠檬比直接从冰箱中取出的柠檬榨出的柠檬汁要多得多。

榨柠檬汁

1 将半个柠檬紧紧地压在柠檬榨汁机上并扭动，直至所有的柠檬汁都被榨出。如果柠檬是温热的，榨出的果汁会更多。

2 拿走过滤器并扔掉果核和衬皮。如果不立即用柠檬汁的话，将其储存在一个盖盖的容器中并放在冰箱里。

香草纸杯蛋糕配涡旋形糖衣

涡旋形的双色糖衣使这些漂亮的纸杯蛋糕很独特，只要用一个规则的裱花袋，您便可以取得很好的效果。享受用大量不同颜色和图案的纸杯及粉末做试验的乐趣吧。

原料

12份蛋糕

175克黄油（室温），切成大块

175克自发面粉

175克细白砂糖

半茶匙发酵粉

3个大鸡蛋

半茶匙香草精

制作糖衣所需的原料

175克黄油（室温），切成大块

半茶匙香草精

2~3汤匙牛奶

350克糖粉，筛过

粉色食用色素

可食用的粉心或其他粉末，做装饰

每份含

卡路里：465

饱和脂肪：16克

不饱和脂肪：10克

钠：280毫克

烹饪方法

1 将烤箱预热到180℃。将蛋糕纸杯或松饼纸杯放在有12个洞的松饼烤盘中。

2 将所有做蛋糕的原料都放进一个大碗中并用电动手持搅拌器或木勺搅打混合物，直到混合物变得光滑细腻并混合均匀。将混合物均分在纸杯中。

3 烘焙20~25分钟，或直到蛋糕全发起来且顶部变硬为止。将蛋糕转移到金属丝架上冷却。

4 制作糖衣：将黄油、香草精、2汤匙牛奶和一半的细白砂糖放在一个大碗中，搅拌至混合物变得光滑细腻。拌入剩余的细白砂糖，如果需要的话倒入剩余的牛奶，使糖衣稠度适中。

5 将一半的糖衣放在另一个碗中，并用食用色素将其染成浅粉色。小心地用匙舀取着了色的糖衣，将其放入裱花袋的一端，给裱花袋安上8号星星形状的喷嘴，然后用匙舀取未着色的糖衣，将其放入裱花袋的另一端。将袋口拧紧，将糖衣封好。

6 将涡旋形糖衣喷在每块纸杯蛋糕顶部。撒上可食用的粉心或其他粉末做装饰。

涡旋形彩色糖衣

很容易将糖衣的颜色做得很鲜艳，为了防止放太多的食用色素，用搅拌鸡尾酒用的小棍每次加一滴食用色素，直到调出您喜欢的颜色。您可以买双隔裱花袋，而不是用常用的裱花袋，因为双隔裱花袋会自动将两种颜色分隔开来，让您能以类似的方式同时为蛋糕浇饰出两种颜色的花边。

制作纸杯蛋糕的糖衣

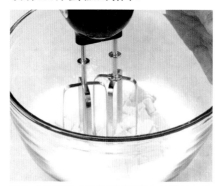

用电动搅拌器或手持搅拌器搅打制作糖衣的原料，直至这些原料充分混合。以柔和、松软的黏稠度为目标。如果混合物太干，就多加些牛奶。

烘焙蛋糕

如果您是烘焙新手，要记住最重要的事情是认真地按食谱做，确保称量准确和使用正确的设备。如果您遵循了这些简单的说明，每次您都将完美收官。

准备和烘焙

一定要使用食谱中规定的尺寸精确的烤模并花时间来准备合适的烤盘，这样蛋糕就不会粘住烤盘。烘焙蛋糕的基本步骤如下所示，要想获得更多的烘焙诀窍，另见292~294页和316~317页。

如何烘焙蛋糕

1 将烤模放在一张烘焙纸上。用一支铅笔沿着烤模底部画出记号。将这个图形剪下来。

2 用糕点刷或厨房纸将软化的黄油或人造黄油涂在烤盘底部和烤模的侧面。

3 将剪下的烘焙纸按在烤模底部。按食谱中指导的那样涂少许油。

4 用一个手持电动搅拌器或食品加工器或用手按食谱说明做蛋糕混合物。

5 混合物一准备好，就将它放进烤模中，将表面抹平并转移到烤箱中。

6 检查蛋糕是否做好了，用指尖轻轻地按中间部分，做好的蛋糕会弹回。

7 将蛋糕静置冷却2分钟，用刀绕着烤模边缘旋转将蛋糕取出；将其放在烤架的合适位置上冷却。

8 当蛋糕变凉以后，剥去衬纸。如果您喜欢，用一把锋利的刀将蛋糕对切。

给蛋糕挂糖衣、添填料并装饰

您的蛋糕冷却后，您便可以着手添加最后的润色了。不要担心它会看起来不那么完美——糖衣能遮盖住许多瑕疵，而且，即便是简单浇饰过花边的搅打过的鲜奶油也能将人们的视线从不完美处转移开来。搅打过的鲜奶油、果酱和黄油霜能做成简单快捷的填料。

如何用搅打过的鲜奶油浇饰花边

1 将您选好的喷嘴插入裱花袋中。你可能需要剪去袋子的一端来装喷嘴。

2 用一只手握住袋子，并将袋子顶部翻叠过来，套在手上。用匙将搅打过的鲜奶油舀进袋子。

3 当袋子被装满后，将顶部拧紧，直到袋子里没有空气残留。

4 保持袋子处于直立状态。轻轻地挤压袋子顶部，将奶油以细流的形式平稳地浇在蛋糕上，控制好喷嘴。

如何给蛋糕挂糖衣

将放凉了的蛋糕放在金属丝架上。用一把铲刀以绵长而流畅的打法将糖衣涂在蛋糕的顶部和侧面。在给蛋糕顶部挂糖衣时，您可以根据自己的喜好，做成涡旋的图案或令表面平滑。小心地将挂好糖衣的蛋糕滑到盘子中。

挂糖衣的诀窍

· 将一张防油纸放在金属丝架的下面，多余的糖衣会滴在纸上。

· 如果糖衣粘在铲刀上，将铲刀浸在温水里，将糖衣稀释一下。

· 大多数未煮过的糖衣，如黄油霜等，可以被提前做好，并保存在一个密封的容器中。

尝试不同种类的糖衣

黄油霜

您可以将这种糖衣做成各种口味，特别适合纸杯蛋糕（见298~299页）。

奶油霜

奶油霜中黄油的含量要比黄油霜中黄油的含量少，特别适合做巧克力布朗尼的浇头（见308~309页）。

浆汁

要趁着蛋糕还热的时候将带有柠檬味的浆汁浇在蛋糕上（见296~297页）。

胡萝卜核桃仁蛋糕配奶油芝士糖衣

在做经典的胡萝卜蛋糕食谱中，重要的是用全脂奶油芝士来做糖衣；如果您用低脂的奶油芝士来做糖衣，糖衣将从蛋糕上流掉。由于胡萝卜蛋糕湿度理想，因此很好保存。如果您的厨房温暖，可将蛋糕存放在冰箱中。

原料

8人份

250毫升葵花籽油

4个大鸡蛋

225克浅黑砂糖

200克胡萝卜，去皮并大致磨碎

300克自发面粉

2茶匙发酵粉

1茶匙磨碎的混合香料

1茶匙磨碎的姜

75克核桃，去核并切碎，外加4个被切成两半的核桃做装饰

制作糖衣所需的原料

50克黄油（室温）

25克糖粉

250克全脂奶油芝士（室温）

几滴香草精

每份含

卡路里：765

饱和脂肪：17克

不饱和脂肪：38克

钠：450毫克

烹饪方法

1 将烤箱预热到180℃。给2个20厘米深的圆形三明治烤模涂上油并将烘焙纸铺在蛋糕烤模的底部。

2 在一个大碗中，按如下所示的方法将所有做蛋糕的原料混合在一起。用匙舀出混合物，均分至各个烤模中。

3 将蛋糕放在烤箱中烘焙35分钟左右，直至蛋糕变成金棕色，膨胀并从烤模侧面开始向内缩小。将蛋糕转移到金属丝架上冷却。

4 制作糖衣：测量黄油、糖粉、奶油芝士和香草精的量，并将这些原料都放入一个碗中，用手持搅拌器或电动搅拌器搅拌，直到混合物变得光滑细腻并完全混合。

5 将一半的糖衣涂在一个蛋糕上，将另一块蛋糕放在第一块上，并将剩余的糖衣涂在第二块蛋糕的顶部，做成涡旋形的图案。用切半的核桃仁来装饰蛋糕顶部。

我是如何制作混合物的

1 将葵花籽油、鸡蛋和糖放入一个大的搅拌碗中。搅拌至混合物充分混合，颜色变浅并变得明显浓稠为止。

2 轻轻地将胡萝卜调入蛋糕糊中，然后拌入面粉、发酵粉、混合香料、姜和切碎的核桃，直至这些原料混合均匀。

简单易做的水果蛋糕

如果您喜欢比较清淡、但却果味十足的水果蛋糕，本文介绍的这款蛋糕倒是很丰盛的选择。最理想的情况是将蛋糕放置几天以后再吃，因为那时蛋糕会很容易被切成片，若在新鲜的时候吃，它却很容易碎。

原料

12人份

225克黄油（室温）或蔬菜酱（脂肪含量至少在70%以上），外加额外的黄油或蔬菜酱用于涂抹

225克细白砂糖

4个大鸡蛋

225克自发面粉

100克磨碎的杏仁

半茶匙杏仁精华

450克混合的干水果

25克杏仁片（可选）

每份含

卡路里：458

饱和脂肪：6克

不饱和脂肪：16克

钠：268毫克

烹饪方法

1 将烤箱预热到160℃。给直径为20厘米的弹簧脱底蛋糕烤模或活底、圆形、深蛋糕烤模涂上油。将烘焙纸铺在烤模底部和两侧。

2 在一个大碗中，用电动搅拌器或木勺将黄油或蔬菜酱和糖搅成松软的糊状，然后加入鸡蛋，每次加一点，在每次添加鸡蛋前都将混合物搅打均匀以防凝乳。

3 拌入面粉、磨碎的杏仁和杏仁精华并搅拌，直到所有的原料都充分混合。轻轻地将干水果拌入混合物中，用木勺搅拌直至充分混合。

4 用匙将混合物舀入烤模中并将顶部抹平。如果您喜欢，在表面撒上杏仁片。

5 将烤模放入烤箱中并烘焙1.5~2小时。按如下所示的方法检验蛋糕是否烤熟。如果取出的串肉扦是湿而黏的，将蛋糕放回烤箱中继续烘焙。当蛋糕做好以后，将蛋糕从烤箱中取出并放在烤模里冷却。

保存水果蛋糕

要想很好地保存水果蛋糕，先用防油纸再用铝箔将它裹起来。用这种方式包起来的水果蛋糕将能在密封烤模里存放2周。千万不要让铝箔直接与水果蛋糕接触，这是因为水果中的酸性物质将腐蚀铝箔，从而影响蛋糕的味道。

检验蛋糕的烤熟度

要想检验一个水果蛋糕是否做好了，将一根串肉扦插到蛋糕中央：取出的串肉扦应该是干净而干燥的，而不是又湿又黏的。

" 我做过的维多利亚海绵蛋糕大概有1000多块，但我从未厌倦过烘焙。烘焙蛋糕非常令人放松、很有趣，而且能给家人和朋友创作出可以一起分享的东西，是非常值得的。"

巧克力布朗尼

这种一体化的食谱很容易配制，它使布朗尼口感如糕饼般柔软。它是一家人的最爱，孩子们都喜欢吃，当您想为举办生日派对或糕点义卖而做一批或更多的糕点时，巧克力布朗尼是非常好的选择。

原料

12块方形布朗尼

225克黄油（室温）或蔬菜酱（脂肪含量至少在70%以上），外加额外的黄油或蔬菜酱用于涂抹

350克浅黑砂糖

4个大鸡蛋

50克可可粉，筛过

250克自发面粉

85克核桃仁（可选）

制作奶油霜所需的原料

25克不含盐的黄油（室温），切成小方块

3汤匙可可粉，过筛

225克糖粉，过筛

每份含

卡路里：469

饱和脂肪：8克

不饱和脂肪：13克

钠：369毫克

烹饪方法

1 将烤箱预热到180℃。给30厘米长、23厘米宽、4厘米深的烤盘涂上油。将烘焙纸铺在烤模底部。

2 将黄油或蔬菜酱、浅黑砂糖、鸡蛋、可可粉和面粉放在一个大碗中。用调成低速档的电动搅拌器搅拌3分钟左右，也可以用木勺搅拌，直到混合物变得光滑细腻，只不过用木勺搅拌的时间较长。拌入核桃仁（如果用的话）。

3 用匙将混合物舀进烤模中，均匀涂抹，然后烘焙40~45分钟，最后10分钟时，要用铝箔将烤模盖住烘焙。

4 将串肉扦插入布朗尼中检验布朗尼是否烤好。如果取出的串肉扦是干净的，证明布朗尼烤好了。将布朗尼放在烤模中稍微冷却。然后将布朗尼取出，放在一个金属丝架上彻底冷却。

5 按如下所示的方法制作糖衣。在给布朗尼挂糖衣之前先让糖衣冷却。

6 用铲刀将糖衣均匀地涂在布朗尼底部。待凝固后将其切成12块方形布朗尼。

制作巧克力糖衣

在一个碗中，软化黄油并加入可可粉。慢慢调入4汤匙沸水直到混合物变得光滑细腻，然后拌入糖粉搅匀。

蓝莓松饼

这些塞满了蓝莓的传统美国松饼既营养又美味。它们并不是特别甜——柠檬让它们香味扑鼻，令人心旷神怡——它们是早餐的理想之选，任何时候都是请客的佳选。

原料

12人份

2个大鸡蛋
85克细白砂糖
225毫升牛奶
100克黄油，融化并冷却一会儿
1茶匙香草精
1个柠檬的柠檬皮，磨碎
280克自发面粉
1茶匙发酵粉
225克蓝莓

每份含

卡路里：200
饱和脂肪：5克
不饱和脂肪：2克
钠：211毫克

烹饪方法

1 将烤箱预热到200℃。将纸托放在有12个洞的松饼烤模的每一个凹洞里。

2 将鸡蛋放在一个大碗中。加入糖、牛奶、融化了的黄油、香草精和柠檬皮并搅拌至混合均匀。将面和发酵粉都筛入碗中。

3 将所有的原料都大致拌在一起：搅拌次数不能超过20下，混合物应该看上去仍有些疙疙瘩瘩和不均匀的。加入蓝莓并将其拌入混合物中，当心不要将蓝莓碰坏。

4 将混合物均分进12个纸托中。烘焙25~30分钟，或直到松饼膨胀起来，且顶部裂开一个小口为止。

5 将松饼从烤箱中取出并将它们放在一个金属丝架上。将它们静置冷却一会儿，但最好趁着松饼还温热的时候将它们端上桌。

烘焙松饼

1 将纸托放在松饼烤模的凹洞中。用匙舀入混合物，添入的混合物占纸托容量的四分之三。烘焙25~30分钟。

2 将松饼转移到一个金属丝架上稍微冷却。最理想的情况是，趁着松饼还温热的时候将它们端上桌，尽管它们能在密封的容器内保存2天。

果味司康饼

我最喜欢的做司康饼的方式是让其裂开，而不是将馅夹在饼中间，用这种方法，您能吃到许多果酱和奶油。最好趁着司康饼还温热的时候将它们端上桌，或提前将它们做好，在想吃的时候重新用烤箱低温加热。要想得到普通的司康饼，仅省略掉无核小葡萄干即可。

原料

10人份

75克黄油，冷冻并切成立方体，外加额外的黄油用于涂抹

350克自发面粉，外加额外的面粉用于涂撒

1.5茶匙发酵粉

30克细白砂糖

75克无核小葡萄干

约150毫升牛奶

2个搅打过的大鸡蛋

每份含

卡路里：238

饱和脂肪：5克

不饱和脂肪：4克

钠：275毫克

做美味的司康饼的诀窍

要轻触司康饼，否则它们会变硬变重，因此，尽可能少地用手操作。先将司康饼擀得厚厚的；它们永远不会像您所想的那样膨胀。由于生面团很厚，因此，在每切一块司康饼前都将刀在面粉里蘸一下，以防生面团粘在刀上。

烹饪方法

1 将烤箱预热到220℃。在一个大烤盘上稍微涂点油。

2 按如下所示的方法将面粉、发酵粉和立方体的黄油块混合在一起。然后拌入糖和无核小葡萄干，搅匀。

3 将100毫升牛奶和差不多2汤匙搅打过的鸡蛋倒入面粉混合物中。用一把圆刃刀让混合物混合成柔软但稍微有点黏的生面团，如果需要的话，多加一点牛奶以肃清碗底任何干的混合物碎片。

4 将生面团取出，放在一个撒有少许面粉的操作台上，轻轻地揉几下，直到生面团聚在一起，然后轻轻地擀并拍成2厘米厚的矩形面块。

5 用一把6厘米长的刀（普通的刀要比有凹槽的刀好用）尽可能多地从擀好的矩形面块上切下圆形面团。将圆形面团放在烤盘上，圆形面团之间要稍留些空隙。将剩余的面揉在一起，然后再擀并切成圆形面团。重复上述操作，直到您得到10个司康饼。

6 将留下的鸡蛋刷在司康饼顶部。烘焙10分钟左右，或直到司康饼膨胀且变成金黄色。将司康饼取出并放在金属丝架上冷却。

制作清淡、松脆的生面团

1 将面粉和发酵粉放入一个冷冻过的大的搅拌碗中。加入立方体黄油块，尽可能地保持所有的原料都是凉的。

2 用指尖快而轻地搓揉，直到混合物看起来像上好的面包屑。加入糖、无核小葡萄干、牛奶和鸡蛋。

无核小葡萄干烙饼

孩子们喜欢在他们的午餐饭盒中找到这样一块塞进来的烙饼。将它们切成小方块并在里面放些新鲜水果。烘焙一大堆烙饼；如果将它们存放在一个密封的烤模中，它们能保存一周——前提是它们不被吃掉。

原料

24块方形小烙饼

225克黄油，外加额外的黄油用于涂抹

225克德麦拉拉蔗糖

75克金黄糖浆

350克燕麦片

100克无核小葡萄干

每份含

卡路里：170

饱和脂肪：5克

不饱和脂肪：4克

钠：73毫克

烹饪方法

1 将烤箱预热到160℃。在长为30厘米、宽为23厘米、深为4厘米的蛋糕烤模上涂上油，将烘焙纸铺在烤盘底部。

2 将黄油、糖和金黄糖浆放入一个大锅中，并将锅置于中低火上。待混合物融化后，将锅从火上移开并拌入燕麦和无核小葡萄干。

3 用匙从锅中舀出燕麦混合物，将其放在准备好的烤模中。用勺背向下压实并将表面抹平。

4 烘焙35分钟左右，直到混合物变成浅浅的金棕色；为了确保受热均匀，您可能需要在烹饪一半时转动烤模。

5 静置冷却10分钟左右，然后用一把锋利的刀将烙饼切成24块方形小烙饼。

6 将烙饼静置在烤模中彻底冷却，然后用煎鱼锅铲将烙饼撬出烤模。

变式：越橘烙饼。您可以用同样数量的干越橘来代替无核小葡萄干。

准备烤模

在烤模底部和侧面涂少许黄油。将烘焙纸铺在烤模底部。

制作简单易做的烙饼

1 将大锅置于炉盘上，在锅中将黄油、糖和糖浆融化，并用木勺不停地搅拌。

2 将锅从火上移开并加入燕麦。搅拌，直到燕麦被很好地浸渍，然后加入无核小葡萄干。不要将混合物煮得过度。

玛丽的成功秘方
蛋糕与饼干

1　一定要用规定尺寸的蛋糕烤模。即使是1厘米之差也会决定成败。

2　如果用的是脂肪而不是黄油，确保它适合烘焙。脂肪含量不得少于70%；低脂酱并不适合，因为它们的含水量过高。

巧克力布朗尼，308~309页

3　如果您发现您的蛋糕发不起来，原因可能多种多样，可能是因为发酵剂不够，也可能是因为烤箱太凉，还可能因为混合物太硬。一定要认真地按食谱中的说明做。

4　精确地测量发酵粉，因为太多的发酵粉会导致苦涩或干燥，导致蛋糕膨胀起来后又瘪回去，在表面留下难看的凹陷。

蓝莓松饼，310~311页

5　将蛋糕烤模放在烤箱中间一层的烤架上，并将烤箱调到正确的温度。在烤箱最上面一层的烤架上烘焙的蛋糕会开裂。

6 将饼干摆在烤盘上时，饼干之间要留有足够的空隙，饼干膨胀后方可蔓延开来。如果我做的饼干数量过多——超过了烤盘的容量，我就分批地做，不会占用太长的时间。

巧克力屑曲奇饼，318~319页

7 按食谱中给出的最少时间来烘焙，然后再打开烤箱门。过早地打开烤箱门会导致一些蛋糕瘪下来。

8 如果蛋糕看上去似乎很快就变成了棕色，我会用铝箔松松地盖住蛋糕的顶部。烘焙时间过长的蛋糕会发干，蛋糕外层将会变脆。

9 可以将大多数饼干放在密封的烤模中保存几天。如果它们变软，在温热的烤箱中将它们变脆。

10 不要将蛋糕和饼干放在一起储存，这是因为蛋糕中的水分会使饼干变软。

维多利亚三明治蛋糕，292~295页

巧克力屑曲奇饼

这些是够全家用的曲奇饼，但如果您想将它们和布丁（如香草冰激凌或巧克力冰激凌）一起端上桌的话，您可以将它们做得稍微小点并将烘焙的时间缩短一点。为了让巧克力保持新鲜，将它们存放在密封的烤模中。

原料

24块饼干

225克黄油（室温）或蔬菜酱（脂肪含量至少达70%），外加额外的黄油或蔬菜酱用于涂抹

100克细白砂糖

1个搅打过的大鸡蛋

175克自发面粉

1/2茶匙香草精

50克普通巧克力屑

50克切碎的坚果仁，如焯过的杏仁

每份含

卡路里：94

饱和脂肪：2克

不饱和脂肪：3克

钠：65毫克

烹饪方法

1 将烤箱预热到180℃。给烤盘涂上少许油。若有必要，用一个烤盘分批烘焙。

2 将黄油或蔬菜酱、细白砂糖、鸡蛋、面粉和香草精放入一个大碗中。用电动搅拌器搅打2分钟或用木勺搅打至生面团变得柔滑黏稠，只不过用木勺搅打所需的时间会更长。拌入巧克力屑和坚果仁，搅匀。

3 将生面团分成3份（每份能做8块曲奇饼）。按如下所示的方法将几大茶匙的生面团放在烤盘上；您可能一次在一个烤盘上能得到8块曲奇饼。用茶匙的匙背将每堆面都按平，按成直径为5厘米的圆饼。

4 烘焙15~20分钟，或直到面团变成浅浅的金棕色，边缘处颜色略深为止。曲奇饼摸起来应该刚刚变硬。用一把铲刀小心地将曲奇饼从烤盘上取下并转移到一个金属丝架上冷却。

5 将烤盘擦净，让其冷却，并再次涂上油，然后再用同样的方法烘焙下一批曲奇饼。

用茶匙舀出生面团

将几匙生面团放在烤盘上，生面团间的间隔为7~8厘米。用手指或用另一把匙将混合物从舀面匙上刮去。将面团压平。

酥饼

加入黄油做出来的酥饼才有纯正的味道。若想得到微微酥脆的口感，需要烤至全熟。将酥饼从烤箱中取出前，要确认酥饼底部是否与顶部一样有着饼干的色泽。

原料

12片酥饼

75克磨碎的大米或粗面粉

175克普通面粉，外加额外的面粉用于涂撒

175克黄油（室温），切成立方体

75克细白砂糖，外加额外的细白砂糖用于涂撒

每份含

卡路里：205

饱和脂肪：8克

不饱和脂肪：4克

钠：90毫克

制作酥饼的诀窍

磨碎的大米或粗面粉令酥饼隐约有种沙砾般的质感，若想口感更光滑，您可以使用玉米粉来代替。如果黄油是软的，而不是直接从冰箱里拿出来的，生面团更容易粘在一起。由于生面团中有足够的黄油，在烘焙的过程中，生面团不会粘在烤盘上，因此没有必要给烤盘涂油。

烹饪方法

1 将磨碎的大米或粗面粉和普通面粉一起放入一个大碗中。加入黄油并按如下所示的方法将其揉进生面团中。

2 拌入糖，然后将混合物挤按并揉捏在一起，直到混合物变成一个光滑的圆球。

3 在撒有少量面粉的操作台上，将生面团擀成直径为25厘米的圆饼。将其滑入一个大的圆形烤盘中。

4 用手给面的边缘压褶，或用叉子背按面的边缘以作装饰。用叉子将表面戳得"千疮百孔"，然后用一把锋利的刀标记出12个三角形。冷冻30分钟左右，直到面变硬。同时，将烤箱预热到160℃。

5 烘焙30~35分钟，或直到酥饼变成浅浅的金棕色。将酥饼从烤箱中取出，在它仍温热的时候，沿着楔形标记将酥饼切成小块，并撒少许糖。

6 将酥饼放在烤盘上静置冷却5分钟左右，然后用铲刀小心地将其从烤盘上取下并转移到一个金属丝架上彻底冷却。将酥饼放在密封的容器中储存。

做松脆的富含黄油的生面团

1 将立方体软黄油倒入碗中，碗里装有面粉和磨碎的大米或粗面粉。

2 用指尖将黄油揉进混合物中。当混合物看上去像是粗面包屑时，加入糖并混合均匀。

手指形巧克力泡芙

　　大部人人都不能抵挡泡芙的诱惑，并且手指形泡芙的大小刚好适合食用。在奶油中搅入香草提取物和细白砂糖，可以让奶油变得更加香甜。填充奶油后尽快食用，否则泡芙酥皮会变软。

原料

12块手指形巧克力泡芙

50克黄油，切成立方体，外加额外的黄油用于涂抹
70克普通面粉
2个搅打过的大鸡蛋
300毫升高脂厚奶油或发泡鲜奶油

制作糖衣所需的原料

100克普通黑巧克力（约40%可可粉固体）细细切碎
100毫升高脂厚奶油

每份含

卡路里：277
饱和脂肪：15克
不饱和脂肪：10克
钠：50毫克

烹饪方法

1 将烤箱预热到220℃。给一个大烤盘涂上油。按如下所示的方法做手指形巧克力泡芙混合物（泡芙酥皮）。

2 用匙将混合物舀进一个大的裱花袋中，裱花袋上装有一个1厘米的普通喷嘴。将水洒在烤盘上（最好是用一个带细孔喷嘴的喷水器）。将混合物浇饰到烤盘上，浇饰成7.5厘米长的手指形巧克力泡芙，泡芙之间要留些空间，这样泡芙才有空间可以膨胀。

3 将泡芙烘焙10分钟，然后将烤箱温度调至190℃并继续烘焙20分钟。将每块手指形巧克力泡芙都纵向劈成两半并转移到一个金属丝架上彻底冷却。

4 制作糖衣：将巧克力和高脂厚奶油放在一个耐热的碗中，并将碗放在慢煮着水的锅上，搅拌巧克力和高脂厚奶油的混合物，直到混合物变得光滑而又有光泽。将碗从锅中取出，并将糖衣置于室温约30~35分钟，或直到糖衣变凉，浓稠到足够裹住手指形巧克力泡芙，而没有糖衣滴落为止。

5 手指形巧克力泡芙冷却后，搅打奶油，用匙舀出奶油或将奶油滚到手指形巧克力泡芙的下半部分。将上半截手指形巧克力泡芙蘸上糖衣，然后将其放在搅打过的鲜奶油上。

制作可爱而清淡的泡芙酥皮

1 将黄油放入一个装有150毫升水的厚底锅中，并加热至黄油溶化。将混合物煮沸，倒入面粉，然后将锅从火上移开。用力搅拌。

2 当形成光滑的糊状物时，再次将锅置于火上，搅拌。混合物将变得更干并形成一个柔软的面球，糊状物从锅的各个侧面脱落下来聚在一起，形成了面球。

3 再将锅从火上移开，让混合物稍微冷却，然后慢慢加入鸡蛋，每次添加完鸡蛋都要搅匀，直到混合物变得光滑细腻而又有光泽。

面包

农家面包

　　一旦掌握了这种经典白面包的制作方法，您就可以尝试着做其他种类的面包了，如橄榄面包和晒干的番茄面包等。在搅拌面团时，最好将面团弄湿点。如果混合物黏手，您很可能会做出一个美味的蛋糕。

原料

1块面包

500克高筋白面粉，外加额外的白面粉用于涂撒

7克小袋易调配方的（速效）干酵母

2茶匙盐

1汤匙葵花籽油，外加额外的葵花籽油用于涂抹

每块面包含

卡路里：1895

饱和脂肪：3克

不饱和脂肪：22克

钠：3126毫克

用水量

　　我无法告诉您在做面包时需要多少水，因为面粉的吸水性差异很大。面粉的吸水量取决于温度、湿度和您使用的面粉的品牌。将目标锁定在稍微有点黏的面团；面团不能是干的。

烹饪方法

1 将面粉、干酵母和盐放入一个大碗中。倒入300毫升用手摸着温热的水和油。用一把圆刃刀将混合物搅成柔软的面团。若需要，再加入2~3茶匙用手摸着温热的水。将面团揉成面球。

2 将面团取出，放在一个撒有少许面粉的操作台上，搓揉8~10分钟，直到面团摸起来光滑细腻、富有弹性。

3 将面团放到涂有少量葵花籽油的大碗中。用保鲜膜盖住碗口。将面团放在温暖的地方搁置1.5小时，让其发起来，或直到面团的体积膨胀到原来的两倍。

4 给面包烤模的底部涂少量油并用烘焙纸铺好。面包烤模长为20厘米、宽为10.5厘米、深为6厘米，能烤900克重的面包。将发酵过的面团放到撒有少许面粉的操作台上，揉3~4遍。将其拍成或卷成20厘米长、18厘米宽的长方形。

5 从长的一侧将面团卷起。将面团的接缝朝下，放入烤模中。用涂有油的保鲜膜松松地盖住面团，将面团放在温暖的地方发酵30分钟，或直到面团膨胀，超过烤模的边缘为止。

6 将烤箱预热到230℃。将面粉撒在面包上并烘焙10分钟，然后将烤箱温度调低至200℃，并继续烘焙30~40分钟或直到面包变成金棕色为止。

7 将面包从烤模中取出并轻拍其底部：听起来会是空洞的。如果不是，将面包倒着放在烤箱里，继续烘焙几分钟。将面包放在一个金属丝架上冷却。

　　变式：橄榄面包。 按主食谱中第1步至第3步中的说明做面团，但将葵花籽油替换成橄榄油。在第4步中，加入100克去核并切碎的黑橄榄和绿橄榄。用力将橄榄揉进面团中，直到它们分布均匀。按主食谱其他步骤的说明继续操作。

　　变式：晒干的番茄面包。 将橄榄油中的100克晒干的番茄控干，并保留滤出的橄榄油。将番茄大致切碎。按主食谱中第1步至第3步中的说明做面团，用从番茄中滤出的橄榄油来代替葵花籽油。在第4步中，加入切碎的番茄，用力将番茄揉进面团中，直到它们分布均匀。按主食谱其他步骤的说明继续操作。

奶酪和焦糖洋葱面包

　　无论是里面还是顶部，这些看上去令人印象深刻的面包都满溢着浓郁的香味。无论是趁热吃还是放凉了再吃，这些面包都极为美味，是野餐的理想之选，也是汤或各种奶酪的完美搭档。

原料

2块小面包

500克高筋白面粉，外加额外的白面粉用于涂撒

7克小袋易调配方的干酵母

1.5茶匙盐

25克黄油（室温）

100克酿熟的切达干酪，磨碎

25克帕玛森干酪，磨碎

葵花籽油，用于涂抹

制作浇头所需的原料

1茶匙橄榄油

2个小洋葱，去皮并切成很薄的薄片

盐和现磨的黑胡椒

30克酿熟的切达干酪，磨碎

搅打过的鸡蛋，用于浇浆汁

每块面包含

卡路里：1397

饱和脂肪：25克

不饱和脂肪：24克

钠：1872毫克

烹饪方法

1 将面粉、干酵母、盐和黄油一起放入一个大碗中。将黄油揉进面中，然后拌入两种干酪。在中央挖一个洞，用一把圆刃刀拌入300毫升用手摸起来微热的水，若需要的话，再加60毫升的水，以混合成一个柔软、微微发黏的面团。将面团揉成面球。

2 将面团在撒有少许面粉的操作台上揉8~10分钟，直到面团摸起来光滑细腻且富有弹性。将面团塑成圆形。将面团放入一个涂有少许葵花籽油的大碗中，然后盖上保鲜膜。将面团放在一个温暖的地方搁置1.25~2小时，或直到面团的体积膨胀到原来的两倍。

3 同时，制作浇头：给大煎锅中的葵花籽油加热，倒入洋葱并在中火上炒10~12分钟并不时地搅拌，直到洋葱变软并略微有点发焦，但还没有变成深棕色为止。如果洋葱开始迅速地变成棕色，请将火调小。将锅从火上移开，加入盐和黑胡椒调味并放凉。

4 将烘焙纸铺在大烤盘上。将面团取出，放在撒有少许面粉的操作台上并揉3~4遍。太多的处理会令面团失去光泽。

5 将面团对切并将每半块面团塑成球状。将两块球形面团间隔着放在铺有烘焙纸的烤盘上。用一把锋利的刀在每个面球上砍5下。

6 将涂有油的保鲜膜松松地盖在面团上，并将面团放在温暖的地方搁置40分钟至1个小时，让面发起来，或直到面团的体积膨胀到原来的两倍。将烤箱预热到220℃。

7 将搅打过的鸡蛋刷在每块面包上，上面撒上洋葱，再撒上30克磨碎的干酪。将面包烘焙10分钟，然后将烤箱温度调低至200℃并继续烘焙20~25分钟，直至面包变成金棕色。如果洋葱变成了深棕色，在最后5分钟时，用一层铝箔松松地盖在面包上。

8 轻拍每块面包的底部，检查面包是否做好了：做好的面包听起来应是空洞的。将面包放在一个金属丝架上冷却。

迷迭香蒜蓉佛卡夏面包

由于传统意大利面包有多种风味，如海盐浇头、迷迭香浇头和蒜蓉浇头等，因此，保持原样就很可爱——没有必要加黄油。试着将它作为开胃小吃来与客人们分享，可配上橄榄油和香醋蘸着吃。最好趁着面包还温热时端上桌。

原料

1块面包

450克高筋白面粉，外加额外的白面粉用于涂撒

7克小袋易调配方的干酵母

1茶匙盐

1汤匙橄榄油，外加额外的橄榄油用于涂抹

制作浇头所需的原料

1汤匙橄榄油

1圆茶匙海盐片

2瓣蒜，去皮并切成薄片

1~2根新鲜迷迭香茎，去掉叶子

额外的特级初榨橄榄油，用于淋洒

每块面包含

卡路里：2029

饱和脂肪：9克

不饱和脂肪：52克

钠：3158毫克

烹饪方法

1 在一个大碗中，将面粉、干酵母和盐混合在一起。在中央挖个洞，加入橄榄油，然后慢慢倒入300毫升用手摸着温热的水，若有必要，再加入60毫升的水。

2 将面团转移至撒有少许面粉的操作台上并轻轻地搓揉8~10分钟，直至面团变得光滑细腻。在面团表面会出现小小的气泡。将面团放入一个涂了少许油的大碗中，将面团盖好并放在温暖的地方搁置50分钟至1个小时，或直至面团的体积膨胀到原来的两倍。

3 当面团发酵以后，将面团放在操作台上并轻轻地揉四五分钟，当心不要弄破气泡。将面团盖好并搁置10分钟。

4 给一个大烤盘略涂些油。将面团擀成（或擀并轻轻地拉成）一个长30厘米、宽23厘米、深1厘米的长方体，同样，当心不要弄破气泡。将面团举至烤盘上，若有必要，恢复其原来的形状，然后用一条干净的茶巾将面团盖好并搁置25~35分钟，或直到面团的体积膨胀到原来的两倍。将烤箱预热到200℃。

5 用手指在面团上面戳若干个孔洞。刷上大部分的橄榄油，然后撒上海盐、大蒜和迷迭香叶。然后再刷上剩余的橄榄油。烘焙25分钟，直到面包变成金色。洒上少许橄榄油并将面包转移到一个金属丝架上稍微冷却。

制作美味的佛卡夏面包的诀窍

佛卡夏面团是非常软的，它需要轻轻地处理才能保持其特有的气泡：在揉面时，用窝成杯状的手揉面球，让面球在操作台上四处滚动，在滚动时，将面边按到面里。当将擀开的面团转移到烤盘上时，您会发现先将面团搭在擀面杖上会比较简单。

盖住面团

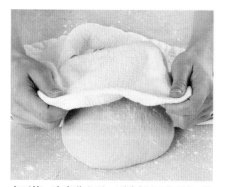

在面第一次发酵之后，再次揉几下面团，然后用一条干净的茶巾盖在面团上。将面团搁置10分钟。

玛丽的成功秘方
面包

1　做发面的最好面粉被称为"高筋面粉"。您可以用一般的普通面粉，但做出的面包不仅质地密而且易碎。

2　如果您是做面包的新手，我建议您用易调配方的（也被称为速效）干酵母，因为它比鲜酵母或普通的干酵母更简单快捷。

3　测量做面包的面团需要多少水是非常棘手的，因为面粉吸水性差异很大。要想做出的面包好吃，面团要湿黏。如果面团太干的话，您做出的面包也会发干，因此如有必要，多加点水。

迷迭香蒜蓉佛卡夏面包，330~331页

4　面团在温暖的地方发酵速度最快，如烘干柜或温暖的厨房。然而，在大多数温度下面都会发起来；有些人将其放入冰箱，隔夜冷藏。

5　要检验面团是否发了，用一根手指按进面团；当您收回手指时，在面团处会留下压出的凹痕。

6 您可以用装有搅面钩的电动搅拌器或食品加工器来做面包的面团。

7 确保您在烘焙面包时所用的烤箱真的特别热；在烤箱没有达到理想的温度之前，不要将面包放进烤箱。要想让面包皮变得酥脆，将一碗水倒入耐热碗里以产生蒸汽。

农家面包，326~327页

8 为了检查面包是否做好了，我将其从烤模中倒出并轻拍其底部。烤好的面包会发出空洞的鼓一样的声音。

9 面包可以被很好地冷冻起来。用防潮的包装纸将面包包起来并封紧。大多数面包能被冷冻4个月；富含牛奶或水果的面包的储存时间是3个月。要在室温下解冻，而且解冻时不能拆掉包装纸。

奶酪和焦糖洋葱面包，328~329页

10 我有时会给我的面包加上浆汁。在烘焙前，用一个面团刷将浆汁薄薄地涂在面包上。要想让面包皮变得酥脆，就用水涂；要想让面包皮变得柔软，就用牛奶或奶油涂；要想让面包皮变得闪耀，就用加了少许盐的搅打过的蛋黄涂。

核桃葡萄干面包

核桃葡萄干面包是适合早餐食用的理想面包，也是美味的烤面包。在上面涂上黄油或直接吃，不需要配任何其他的食材。如果您对坚果过敏，将坚果替换为剪碎的干杏仁。为了能将面包冷冻起来，先将面包切成片。

原料

1块面包

500克高筋白面粉，外加额外的白面粉用于涂撒
7克小袋易调配方的（速效）干酵母
2茶匙细白砂糖
1茶匙盐
1茶匙磨碎的桂皮
25克黄油（室温）
葵花籽油，用于涂抹
60克核桃仁，切碎
60克葡萄干

制作浆汁所需的原料

1汤匙细白砂糖
一大撮磨碎的桂皮

每块面包含

卡路里：2484
饱和脂肪：18克
不饱和脂肪：50克
钠：190毫克

烹饪方法

1 将面粉、干酵母、糖、盐、桂皮与黄油一起放入一个大碗中。将黄油揉进面中。在中央挖个洞，拌入约300毫升用手摸起来微温的水，用一把圆刃刀让混合物混合成柔软且稍微有点黏的生面团。将面团揉成圆球状。

2 将面团放在一个撒有少许面粉的操作台上，揉搓8~10分钟，或直到面团摸起来光滑细腻且富有弹性。将面团塑成圆形。

3 将面团放入一个涂了少许油的大碗中。盖上保鲜膜并将面团放在一个温暖的地方，搁置1~1.5小时，或直到面团的体积膨胀到原来的两倍。

4 给面包烤模的底部涂少量油并用烘焙纸铺好。面包烤模长20厘米、宽10.5厘米、深6厘米，能烤900克重的面包。将发酵过的面团放到撒有少许面粉的操作台上，揉3~4遍。此时，太多的处理会使面团失去光泽。

5 将面团压平并轻轻地拉成28厘米长、18厘米宽的长方形。将核桃仁和葡萄干均匀地撒在面团上，轻轻地将它们按进面团，然后从短的一侧开始轻轻地将面团向上卷起。

6 将面团的接缝朝下，放入涂有少许油的烤模中。用涂有油的保鲜膜松松地盖住面团，将面团放在温暖的地方发酵40~50分钟，或直到面团膨胀，刚刚超过烤模顶部为止。将烤箱预热到220℃。

7 同时，制作浆汁：将细白砂糖、桂皮和1茶匙热水混合在一起。放在一旁备用。

8 将面包烘焙10分钟，然后将烤箱温度调到200℃，并继续烘焙20~25分钟或直到面包表面变成金棕色。

9 将面包从烤模中取出并轻拍其底部，检查面包是否烤好了：烤好的面包听起来是空洞的。如果不是，将面包倒着放在烤箱里，继续烘焙几分钟。将面包放在一个金属丝架上冷却并趁着面包还微热时给面包刷上浆汁。置凉。

意大利辣香肠比萨

比萨是为孩子们准备的茶点中一个非常好的常备菜。由于其浇头充满了各种可能性，因此，它是一个万能的食谱。试着在比萨顶部撒些烤蔬菜（见204~207页），而不是意大利辣香肠。金枪鱼和凤尾鱼也能做出很美味的浇头。

原料

2块比萨

250克高筋白面粉，外加额外的白面粉用于涂撒

0.5×7克小袋易调配方的（速效）干酵母

1茶匙盐

1汤匙橄榄油，外加额外的橄榄油用于涂抹

制作浇头所需的原料

150克小袋马苏里拉奶酪

6汤匙晒干的番茄酱

50克意大利辣香肠，切成薄片

25克磨碎的帕玛森干酪

2茶匙切成片的不太辣的腌辣椒

2茶匙橄榄油

半茶匙干马郁兰或1汤匙新鲜的、细细切碎的欧芹

每块披萨含

卡路里：982

饱和脂肪：19克

不饱和脂肪：29.5克

钠：1740毫克

烹饪方法

1 量好面、干酵母和盐的重量，将它们放入一个大碗中。倒入150毫升用手摸起来温热的水和1汤匙橄榄油，将这些混合成柔软的生面团。若有必要，再多加2~3汤匙的水。

2 将面团取出，放在一个撒有少许面粉的操作台上，按如下所示的步骤1里介绍的方法搓揉10分钟。将面团放入一个涂有少许油的大碗中。用保鲜膜盖住碗口并将其放在一个温暖的地方搁置约1.5小时，或直到面团的体积膨胀到原来的两倍。

3 给两个烤盘涂油。将面团搓揉几分钟，然后将其一分为二。按如下所示的步骤2里介绍的方法做出比萨的两个底座。

4 将马苏里拉奶酪滤干并切成薄片。将番茄酱涂在每个披萨上，避开边沿处，然后将马苏里拉奶酪撒在披萨上。将意大利辣香肠摆在马苏里拉奶酪上面并在香肠上撒上帕玛森干酪和腌辣椒。洒上油和干马郁兰或欧芹。放在一旁静置。

5 将烤箱预热到230℃。烘焙约10分钟，或直到比萨的边缘变成酥脆的金黄色，烘焙到一半时换烤盘，以保证均匀受热。

制作披萨底座

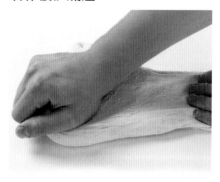 

1 揉面团时，将面团朝冲着您的方向折叠，然后向下按并用手掌根推开。翻转面团并重复上述动作。像这样持续搓揉10分钟直到面团变得光滑细腻、富有弹性。

2 擀并拉长面团，直到它变成直径为23~25厘米、厚约为1厘米的圆形面饼。给比萨的边缘镶边。将镶好边的圆形面饼放在涂了油的烤盘上并在比萨顶部加入装饰配料。

致谢

关于作者

　　玛丽·贝莉是英国最受人喜爱和尊敬的烹饪作家兼面包师。众所周知，她还是当红的英国广播公司电视二台电视节目《英国家庭烘焙大赛》的评判员。她著有80多本烹饪书，全球销售量达600万册，其中包括最为畅销的《玛丽·贝莉完整食谱》（DK公司出版），该书已售出超过100万本。玛丽·贝莉深知成为一名自信的厨师的乐趣，在享受乐趣的过程中，她提炼出她一生的烹饪经验。

玛丽·贝莉要致谢的人

　　首先要感谢的是露西·杨，她不仅是我多年的好友，还是与我一起工作的最佳助手。她足智多谋，有很多年轻的朋友，她深知现代厨师真正想要的是什么。我们一起让所有的食谱都精益求精。安杰拉·尼尔森细心地检查了新食谱，令它们清晰明确、易于遵循，食谱绝对管用，万无一失。谢谢你，安杰拉——与你一起工作很愉快。十分感谢本书的编辑波莉·博伊德，每当我们在最后一刻做改动时，你从来没有怨言——我们总是给她金星！也同样感谢DK公司的道恩·亨德森、凯瑟琳·拉杰，感谢食品料理专家简·劳里、彭妮·斯蒂芬森，感谢托尼·布里斯科拍摄的可爱图片。

DK公司要致谢的人

　　感谢安杰拉·尼尔森帮助玛丽·贝莉，与她一起研究食谱的开发和试验，感谢露西·杨为食谱提出的建议，感谢菲奥纳·亨特提供的营养分析，感谢苏珊·唐宁、杰夫·芬内尔和莉萨·佩蒂伯恩提供的艺术指导，感谢利兹·希皮斯利和汤炜的道具设计，感谢史蒂夫·克罗泽对图片的修饰，感谢博·阿特伍德的服装造型，感谢乔·彭福尔德设计的发型和妆面，感谢伊丽莎白·耶茨和伊丽莎白·克林顿在编辑上所提供的帮助，感谢科琳·马西欧奇的校对及瓦内萨·伯德的索引。

Original Title: Mary Berry's Cookery Course
Text copyright © 2013, 2015 Mary Berry
Copyright © 2013, 2015 Dorling Kindersley Limited
A Penguin Random House Company

图书在版编目（CIP）数据

玛丽·贝莉的美味佳肴 ／（英）玛丽·贝莉著；孙
萍译. — 北京 ：北京美术摄影出版社，2018.8
　书名原文：Mary Berry's Cookery Course
　ISBN 978-7-5592-0032-7

Ⅰ．①玛… Ⅱ．①玛… ②孙… Ⅲ．①食谱 Ⅳ.
①TS972.1

中国版本图书馆CIP数据核字(2017)第174308号
北京市版权局著作合同登记号：01-2016-1766

责任编辑：刘　佳
责任印制：彭军芳

玛丽·贝莉的美味佳肴
MALI BEILI DE MEIWEI JIAYAO

[英] 玛丽·贝莉　著　孙萍　译

出　版　北京出版集团公司
　　　　北京美术摄影出版社
地　址　北京北三环中路6号
邮　编　100120
网　址　www.bph.com.cn
总发行　北京出版集团公司
发　行　京版北美（北京）文化艺术传媒有限公司
经　销　新华书店
印　刷　广东省鹤山市鹤山雅图仕印刷有限公司
版印次　2018年8月第1版第1次印刷
开　本　889毫米×1194毫米　1/16
印　张　21.25
字　数　240千字
书　号　ISBN 978-7-5592-0032-7
定　价　168.00元
如有印装质量问题，由本社负责调换
质量监督电话　010-58572393